齊藤謠子拼布圖樣設計
156

齊藤謠子◎著

Introduction

接觸拼布至今差不多要三十年了。深深沉迷於拼布的契機，猶記得是看到刊登於雜誌封面，那件充滿溫暖、樸素的美式拼布作品。而且，不同的布塊組合創造出不同花樣，也是魅力的所在。我特別鍾愛那些經過長時間孕育，不論是誰都能輕鬆縫製且帶來親切感的傳統圖案。

其次，我也喜歡以傳統圖案為基礎縫製出來的新圖案。從古董拼布作品發想的圖案，嘗試在上面加線條，再將布塊加以分割。以星星為主題的作品，為表現閃亮光芒而試著加上銳角布塊。相當熟悉的九宮格圖案，只要讓線條有點歪斜，不平衡的構圖也別有一番趣味。即使是傳統圖案也有好幾千種，要是將前人創造的圖案稍微改變，就能變化萬千喔！

房子及籃子向來特別受人歡迎，圖案的變化有很多，同時也有能讓製作者自由發揮的圖案。以方格紙來思考，真是越來越有趣，而且新的設計靈感不斷湧現。茶壺與杯子、縫紉用具等日常生活物品，又或者是動物、昆蟲、英文字母等，都能成為圖案的主題。

就這樣，156款圖案誕生了。本書提供原寸的完成作品與圖案，請選用適合各圖案的布料，發揮想像力，以自己喜歡的布料來縫製看看吧。嘗試掉換製圖上的布塊，以直線構成的圖案應該讓人感到熟悉，看起來也會比較可愛。

齊藤謠子

Yoko Saito

Contents

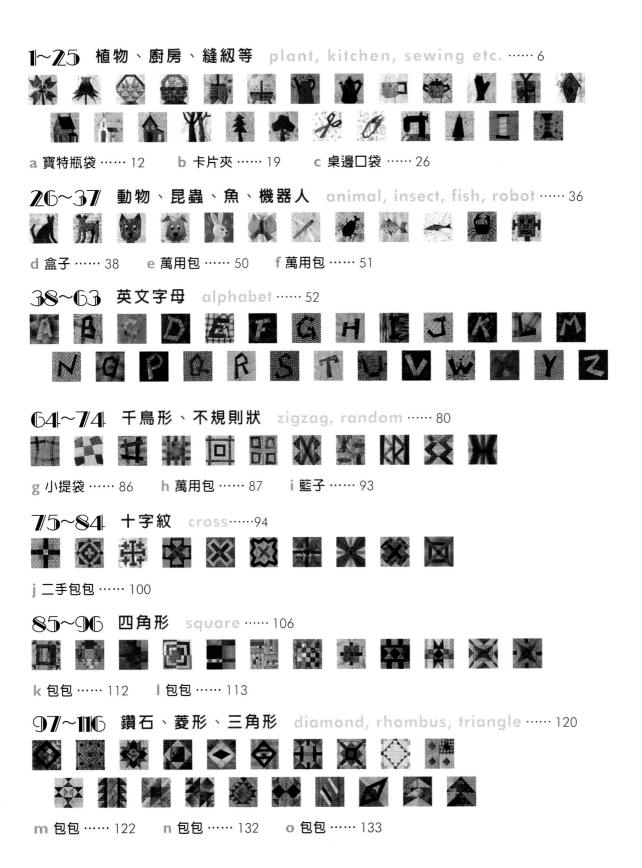

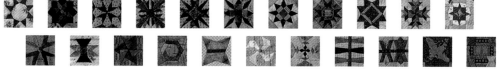

關於圖案縫接的方式

＊全書除了標有「貼布縫」之外，其餘皆為拼縫而成的圖案。

＊圖案皆為實物尺寸。照片上的作品並不包含縫份。

＊除部分作品外，其餘圖案皆為9公分四角形。每邊9公分的四角形作品亦提供原寸。請依喜好自行放大、縮小使用。測量標準的方格，每一格的邊長為0.5公分。

＊邊長9公分之外的圖案，製圖縮小了50%。若想使用和照片圖案相同尺寸，請自行放大200%。

＊如果實際圖案和相鄰布塊為同一種布料時（打算接合在一起的部分），布塊邊界的線可用灰色來呈現。請參照圖案的照片。

＊針對各圖案的布塊縫接順序及縫份倒向（箭頭）皆有說明，但附圖中並未包含縫份。實際製作時，請在各布塊周圍留下縫份（約0.7公分）後剪裁。布塊寬度較窄時，請縫好後再剪裁成適當大小。

＊縫份倒向較不醒目處為原則，但根據布料顏色及厚度，有時必須倒向不影響表面的方向。附圖中的箭頭只是參考用，請依使用的布料及設計來調整。

＊布塊「從一端縫至另一端」是最基本的。只不過，圖中紅點●是指縫份不縫，而從標示處開始縫（縫至另一個標示停止）。在縫接鑲嵌布塊時，請注意縫份不要縫。

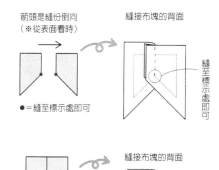

箭頭是縫份倒向（※從表面看時）　縫接布塊的背面

●＝縫至標示處即可

縫至標示處即可

縫接布塊的背面

縫至標示處即可

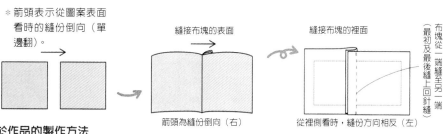

＊箭頭表示從圖案表面看時的縫份倒向（單邊翻）。

縫接布塊的表面

箭頭為縫份倒向（右）

縫接布塊的裡面

從裡側看時，縫份方向相反（左）

布塊從一端縫至另一端（最初及最後縫上回針縫）

關於作品的製作方法

＊製作方法中，如未特別指定時，數字的單位為「公分」。

＊製作方法圖、紙型上，若未指定「不留縫份」時，即是以完成尺寸來標示。剪裁布塊時，請自行在周圍留適當縫份。

＊材料中，如寫有「適量小布塊」，則可利用手邊的布料，依喜好組合使用。

1 | 苜蓿草
clover

眾所周知，四葉苜蓿草充滿幸運的魔力。從印花布剪裁布塊時，讓四片葉面的白色圖樣能夠圍成環狀。若使用斑剝染布，效果應該不錯。

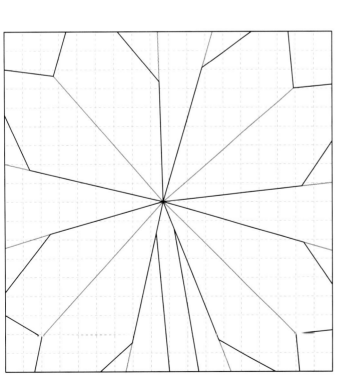

1 ※箭頭為縫份倒向

2

相同的縫製四組

※●＝縫至標示處即可

3

4

5

6

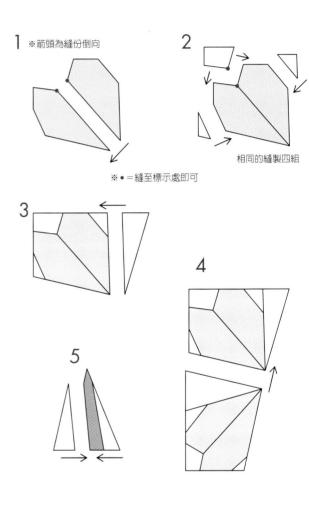

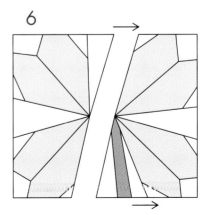

2 朝鮮薊
thistle

開著粉紅色花朵的可愛朝鮮薊，擁有特殊的尖銳利刺。以綠色銳角三角形布塊來呈現尖刺，並以小菱形縫製成纖細的花瓣。底布請選擇印有鬆軟棉絮飛舞的印花布。

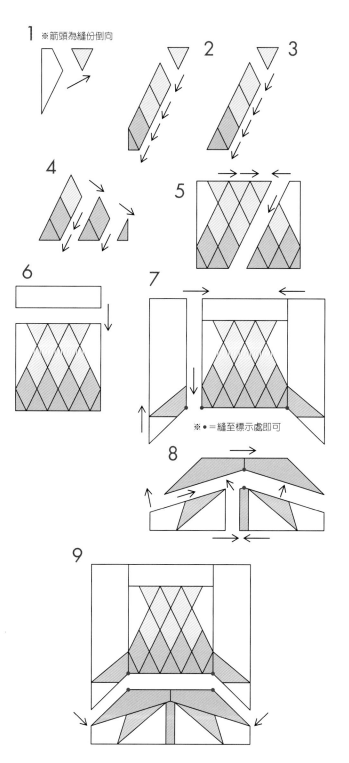

※箭頭為縫份倒向

※ ●＝縫至標示處即可

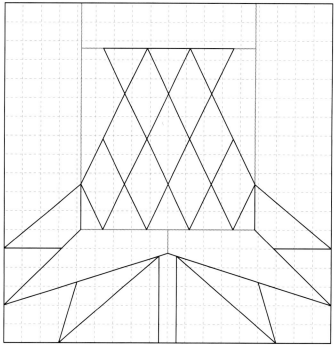

3 花籃
flower basket

我超喜愛籃子，擁有各種形狀的。在傳統圖案中，有很多以籃子為主題的作品。這是以許多花朵為裝飾的細提把籃子。

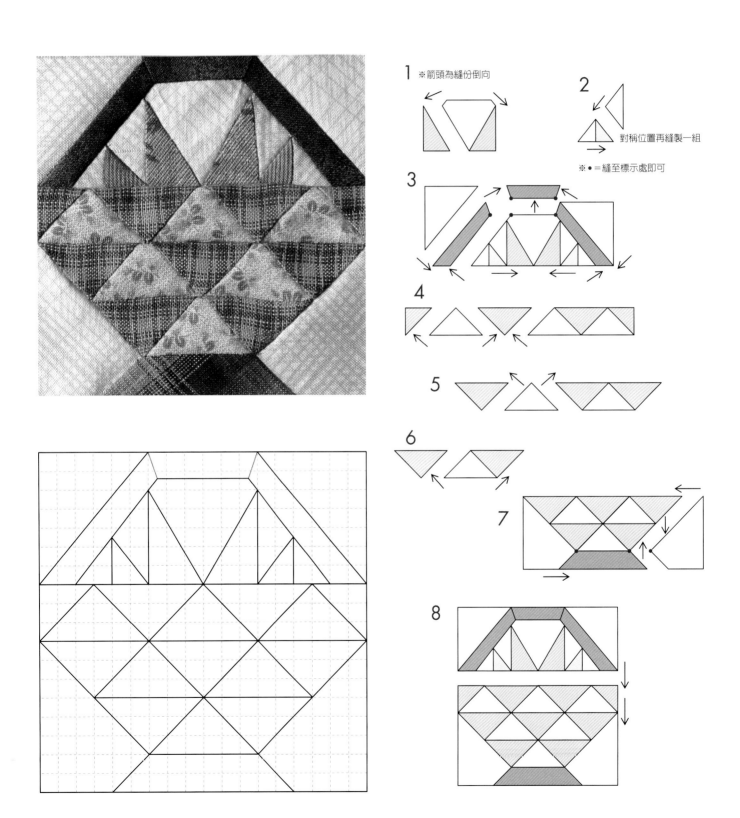

1 ※箭頭為縫份倒向

2 對稱位置再縫製一組

※ ● = 縫至標示處即可

3

4

5

6

7

8

4 南塔克特籃
Nantucket basket

這個設計，讓人想起位於美國東海岸的南塔克特島所出產的傳統籃子。將邊長1公分的小正方形縫接起來。為突顯籃子的編織紋路，使用更具效果的方格花紋或格子花紋為重點。

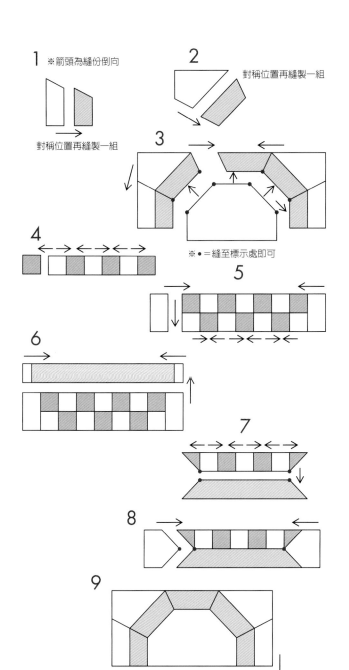

1 ※箭頭為縫份倒向

對稱位置再縫製一組

2 對稱位置再縫製一組

3 ※●=縫至標示處即可

4

5

6

7

8

9

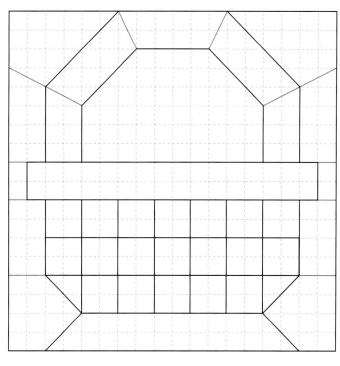

5 收成籃
harvest basket

非常適合裝入剛收成的水果,或是撿拾的樹木種籽。具真實感的竹籃編織紋印花布,搭配印有橡實圖案的底布,就是一件充滿秋天氣息的作品。使用在P19的卡片夾作品。

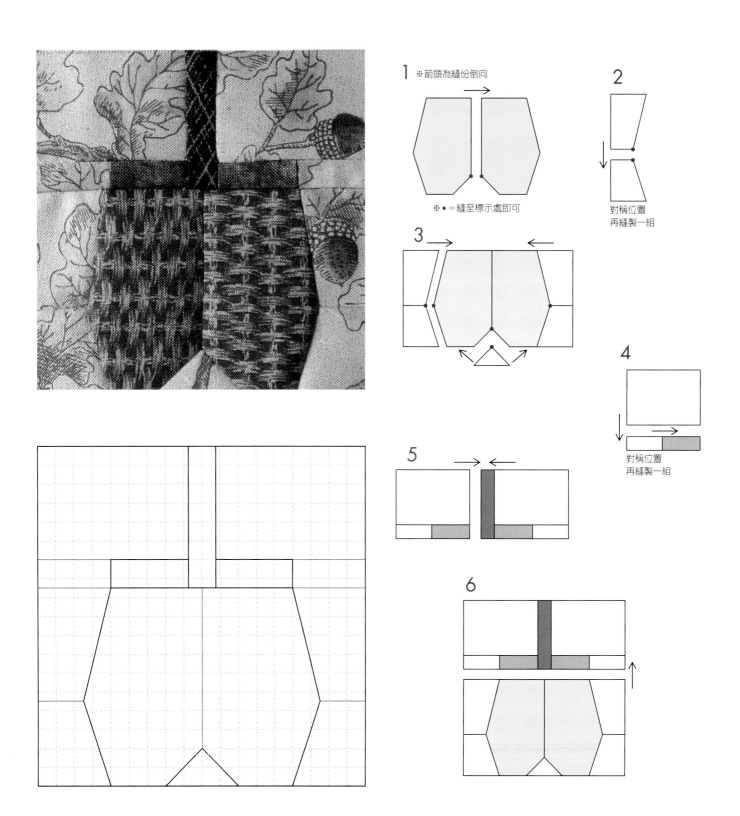

1 ※箭頭為縫份倒向

※●=縫至標示處即可

2

對稱位置
再縫製一組

3

4

對稱位置
再縫製一組

5

6

6 橢圓形籃子
oval basket

簡單地以花朵或花束裝飾籃子圖案，就充滿魅力。這件作品只是把剪下的花朵圖案拼縫上去。P12的寶特瓶袋，加了白色花朵的刺繡。

1 ※箭頭為縫份倒向

2

3 騎縫印

4

對稱位置再縫製一組

5

6

7 依照喜好來拼縫

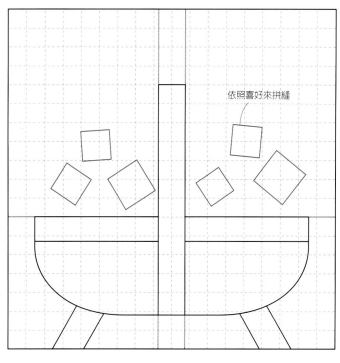

依照喜好來拼縫

ⓐ 寶特瓶袋

在藍子與澆花壺圖案加上貼布縫及刺繡的花朵，
作品看起來會更可愛。也可以當作裝滿水果及蔬
菜的藍子。內襯使用防潑水加工布料的話，即使
放進冰涼的寶特瓶飲料也沒問題。

使用圖案 ⑥（P11）、⑦（P14）
製作方法見P194

7 / 澆花壺
watering pot

如鍍錫噴壺般簡單輪廓的圖案，看起來非常可愛。帶有曲線的壺把是以貼布縫方式完成。P12寶特瓶袋的後側圖案，在噴壺上面以刺繡及貼布縫方式加上柔美的花朵。

貼布縫

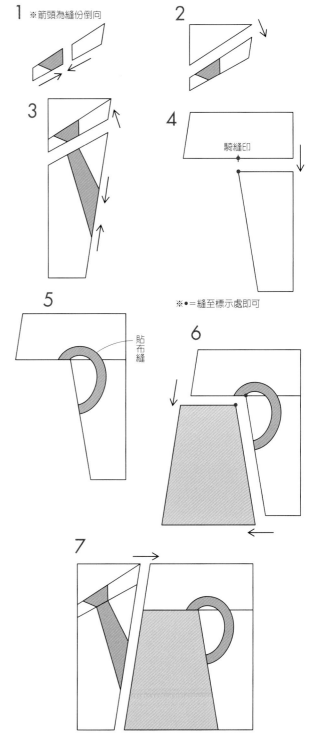

1 ※箭頭為縫份倒向

2

3

4 騎縫印

※●=縫至標示處即可

5 貼布縫

6

7

咖啡壺
coffee pot

以身邊常見的物品為主題，嘗試設計出作品圖案。讓縫製被褥的手指稍微休息一下，來杯咖啡吧。要是擁有這樣的咖啡壺，想必咖啡一定也很好喝。

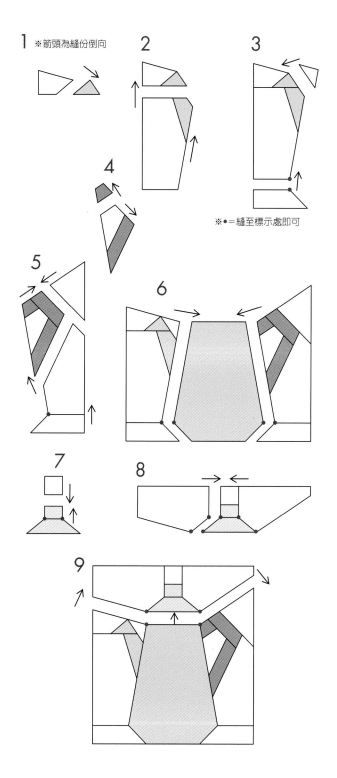

1 ※箭頭為縫份倒向

2

3

※●＝縫至標示處即可

4

5

6

7

8

9

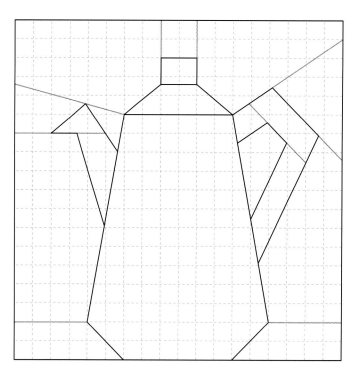

午茶時光
tea time

冒著熱氣的馬克杯。跟8茶壺跟10糖罐組合起來，就是一組午茶茶組。請使用喜歡的印花布，製作漂亮的茶杯吧！

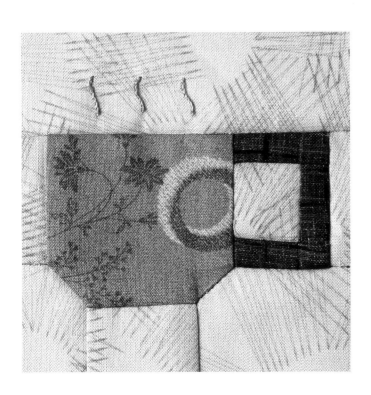

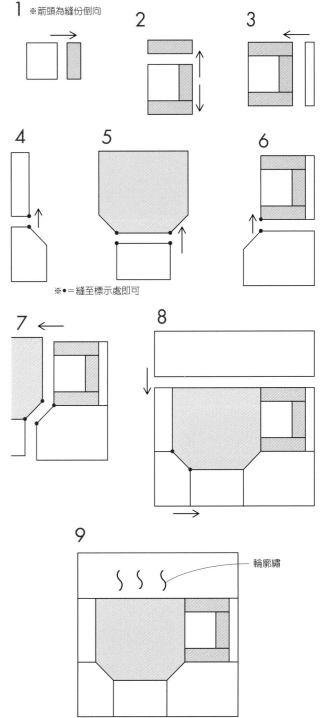

1 ※箭頭為縫份倒向

2

3

4

5

6

※●=縫至標示處即可

7

8

9

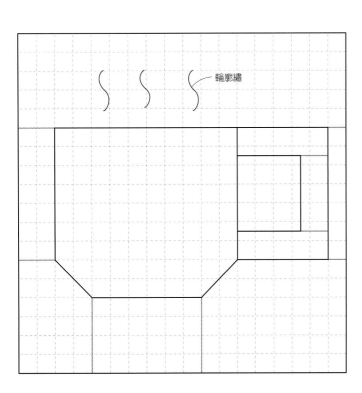

輪廓繡

10 糖罐子
sugar pot

帶著提把的糖罐子,裡面還附有小湯匙呢。罐蓋上的圓形提把和湯匙是用貼布縫。即使是具體的圖案,只要加上一點貼布縫及刺繡,設計範圍將變得更寬。

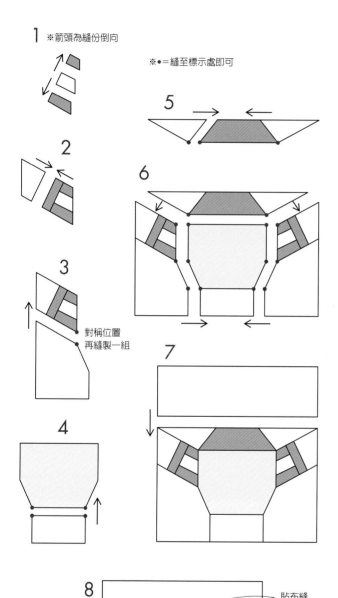

1 ※箭頭為縫份倒向

※●=縫至標示處即可

5

2

6

3

對稱位置
再縫製一組

7

4

8

貼布縫

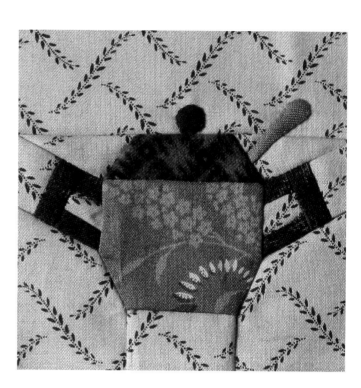

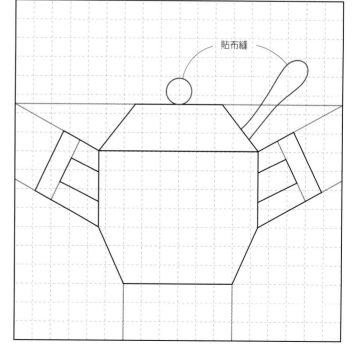

貼布縫

plant, kitchen, sewing etc.   **17**

11 手套
mitten

冬天必備的手套，用小片拼縫製作的話，就能做出如此可愛的圖案。手腕部分使用細條紋布，看起來就像有鬆緊帶。使用在P19的卡片夾。

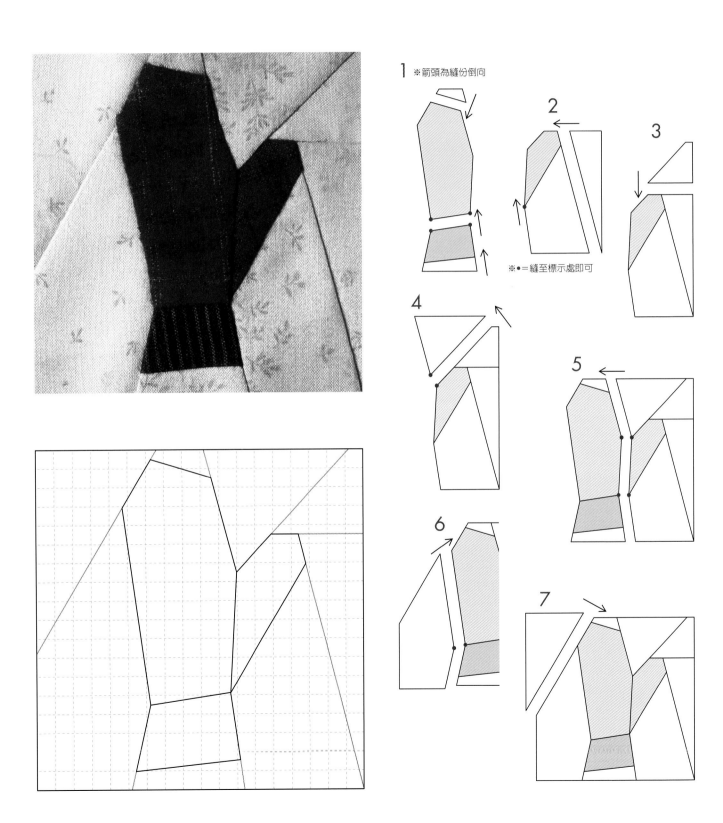

1 ※箭頭為縫份倒向

2

3

※●=縫至標示處即可

4

5

6

7

ⓑ 卡片夾

充分展現圖案趣味性的小作品。把相簿
狀的卡片夾裝在裡面使用。若想以自己
喜歡的圖案製作，請配合長方形的卡片
夾，選擇左右剩餘空間較大的圖案。

使用圖案 5（P10）、11（P18）
製作方法見P196

包裝漂亮，裝飾有蝴蝶結的禮物。依布料的選擇，能夠營造出適合小朋友或是聖誕節日的氣氛。一起來製作讓人忍不住想要打開來看的漂亮禮物盒吧！

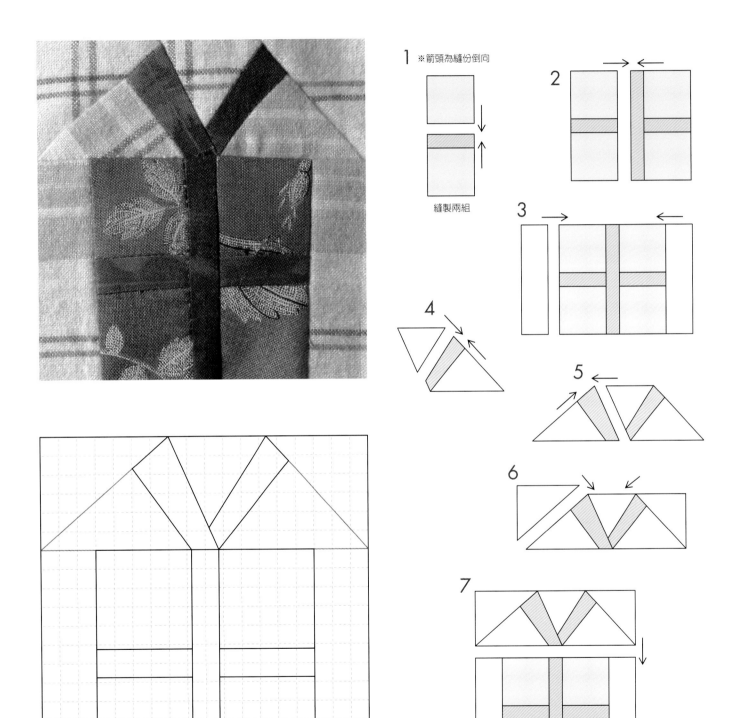

1 ※箭頭為縫份倒向

縫製兩組

2

3

4

5

6

7

13 鳥屋
birdhouse

設計簡單的鳥屋圖案再搭配上印有木紋的印花布。使用畫了細樹枝的底布,讓林中鳥屋的整體感更突出。圓形的洞口是貼布縫。

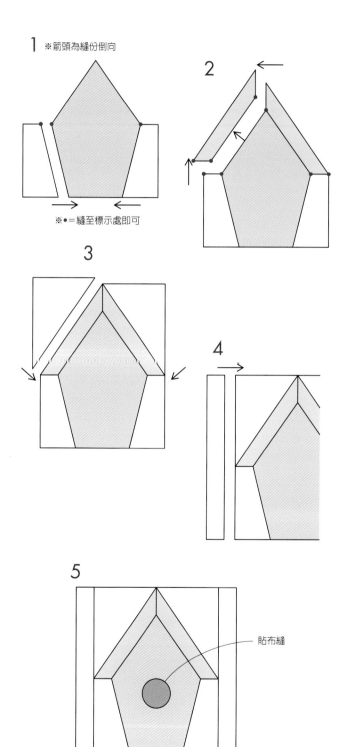

1 ※箭頭為縫份倒向

※●=縫至標示處即可

2

3

4

5

貼布縫

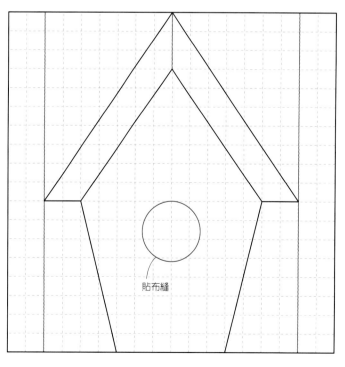

貼布縫

14 黑色屋頂
black roof

在傳統圖案中，種類最多且讓人熟悉的房屋。有著黑色屋頂的房子，再搭配用線條描繪出房屋的印花布為底布，就像是市內街道上的房屋。

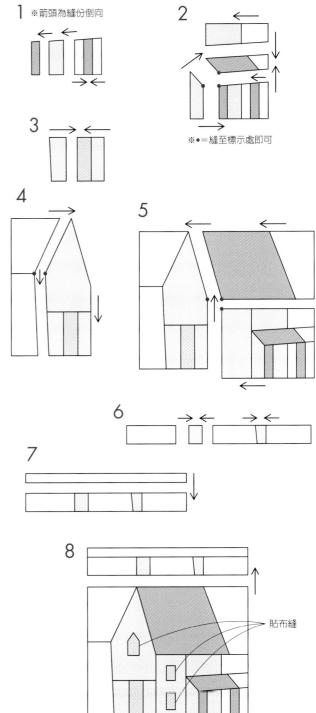

1 ※箭頭為縫份倒向

2

3

※●=縫至標示處即可

4

5

6

7

8

貼布縫

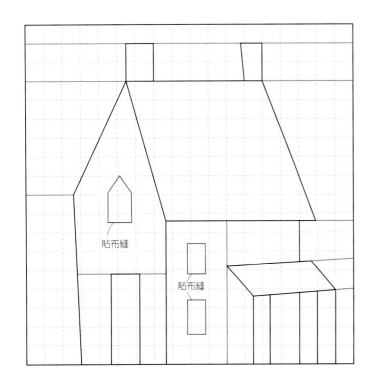

貼布縫

貼布縫

貼布縫

15 教堂
church

在屋頂上繡有十字架的教堂圖案。為看起來更具有教堂的氣氛，在門及窗戶頂部做出菱形。以印有星星圖案的印花布為底布，呈現出寧靜夜晚的場景。使用在P26的桌邊口袋。

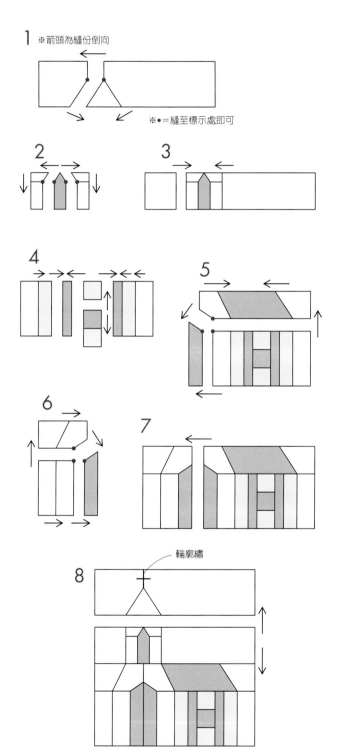

1 ※箭頭為縫份倒向

※●=縫至標示處即可

2

3

4

5

6

7

輪廓繡

8

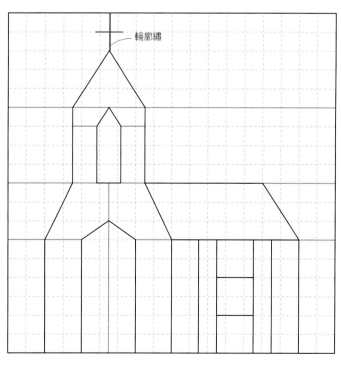

輪廓繡

16 露臺房屋
terrace house

能夠自由自在設計是房屋圖案有趣的地方。房屋加上煙囪或稍微改變一下門窗，圖案就能呈現出不同風格的享受。使用在P26的桌邊口袋。

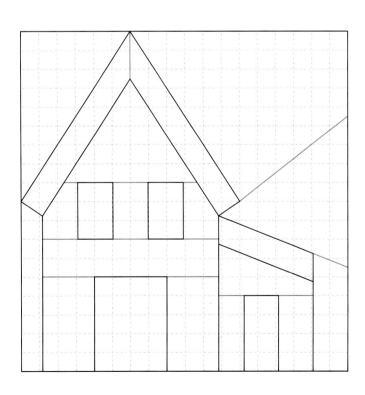

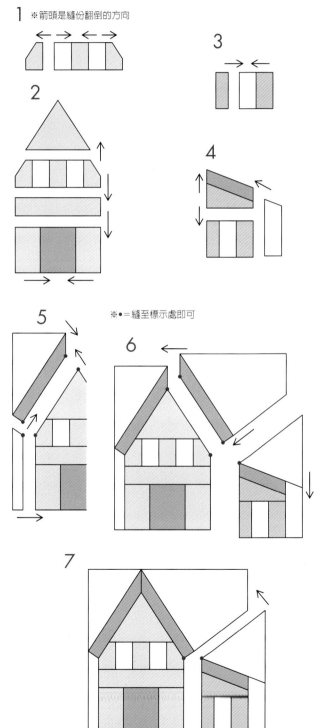

17 森林
forest

將畫著茂密枝葉林木的草稿直接以小片拼縫製作出的圖案。主幹部分是以縱向花紋的印花布來呈現樹皮質感。使用在P26的桌邊口袋。

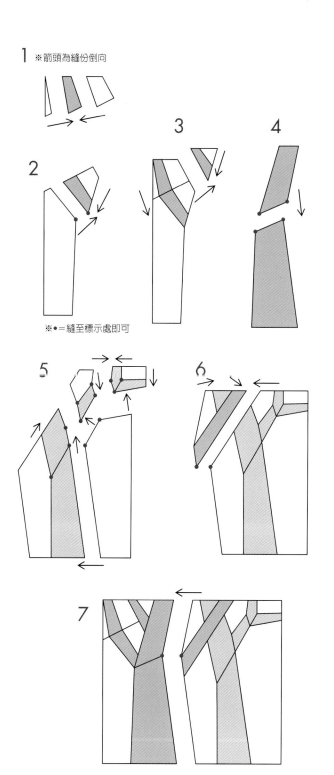

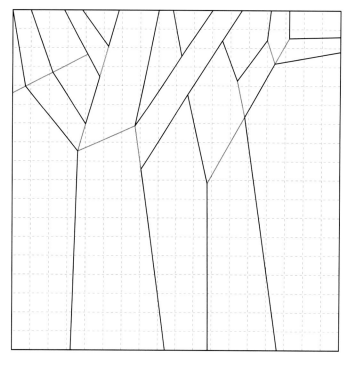

ⓒ 桌邊口袋

由兩種不同風格的房屋及森林圖案縫製出的桌邊口袋。桌邊口袋主體及各圖案底布皆使用印有樹林花色的花布，看起來很像在森林裡的小屋。為了讓所有圖案具整體感，請將底邊貼布縫上地面。

使用圖案 15、16、17（P23~25）
製作方法見P197

18 樅樹
tree of fir

以經常使用於聖誕樹的樅樹為概念，用重疊三層的三角形，創造出不規則的感覺。底布使用濃淡適當的顏色，強調出漸層效果。

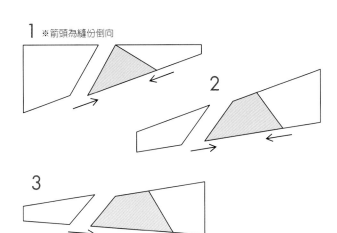

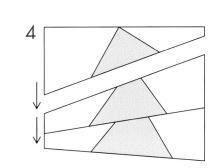

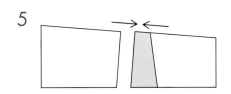

※箭頭為縫份倒向

1

2

3

4

5

6

19 松樹
pine tree

略凸出的輪廓，讓人不禁想起松樹的圖案。將三種不同的綠色印花布組合起來，製造立體感。使用橡實花紋的底布來呈現森林的氣氛。

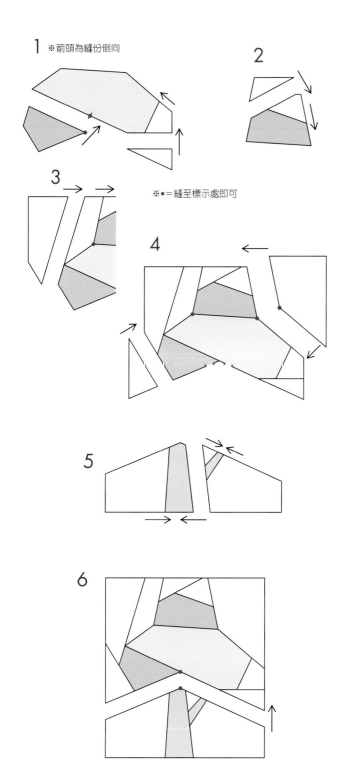

1 ※箭頭為縫份倒向

2

3

※●=縫至標示處即可

4

5

6

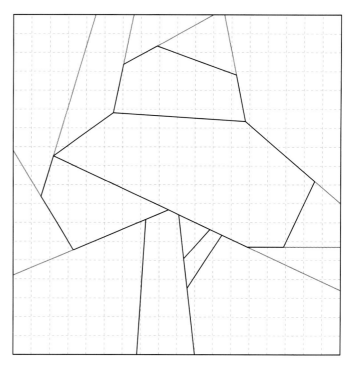

以拼布時所不可或缺的剪刀為圖案。縫接小布塊或許有點困難,但是只要與線軸、裁縫機等圖案一起使用,應該會很可愛的。

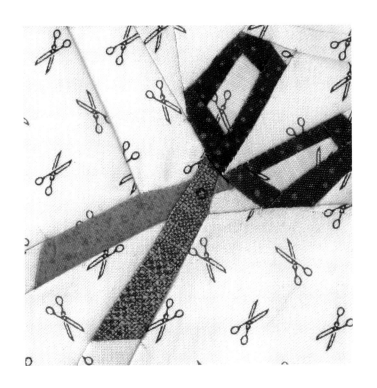

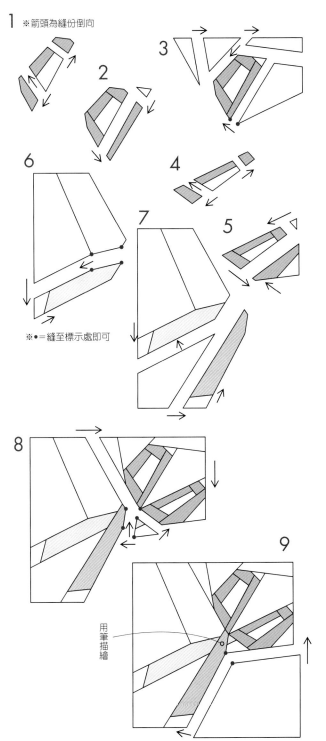

1 ※箭頭為縫份倒向

2

3

4

5

6

7

※●=縫至標示處即可

8

9

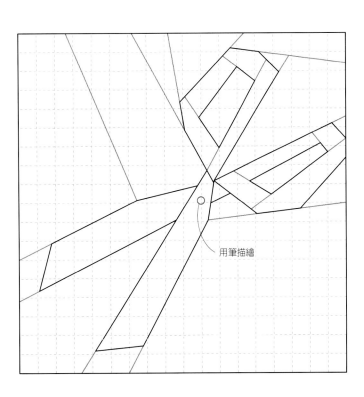

用筆描繪

用筆描繪

21 手握剪刀
thread clip

就像放在媽媽裁縫箱中的手握剪刀。前端做出銳角，就是把非常銳利的剪刀。底布使用全是線與紐扣圖案的印花布，營造縫紉氣氛。

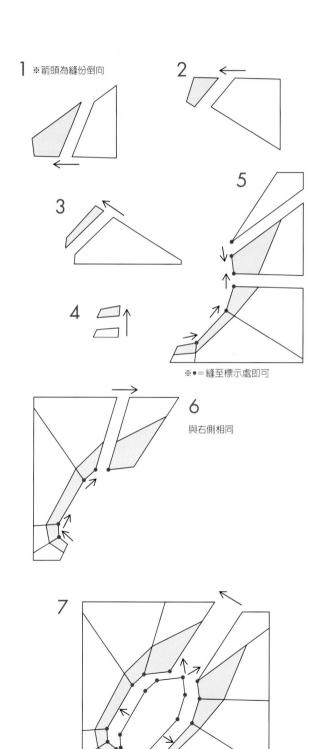

1 ※箭頭為縫份倒向

2

3

4

5

※●＝縫至標示處即可

6

與右側相同

7

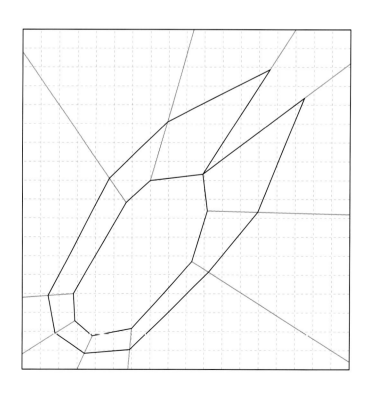

22 裁縫機
sewing machine

比起最新式的裁縫機，稍微有點古董風的腳踏裁縫機圖案更有味道。主體是使用黑色印花布，底座則選擇有木紋花樣的布料。針及固定線軸的纖細部分可用刺繡來表現。

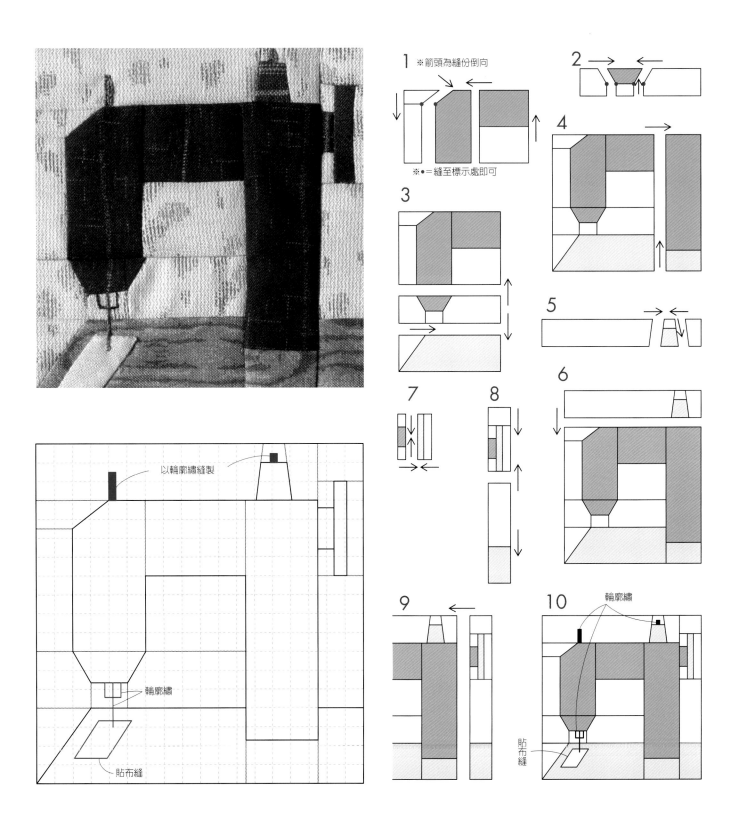

1 ※箭頭為縫份倒向
※●=縫至標示處即可

以輪廓繡縫製
輪廓繡
貼布縫

輪廓繡
貼布縫

23
線軸 I
spool I

線軸圖案只要稍微改變布料，或是幾個不同的種類一起使用，就會變得很熱鬧。這件作品是捲上許多線的大型線軸。

1 ※箭頭為縫份倒向

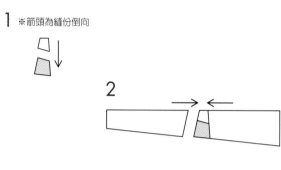

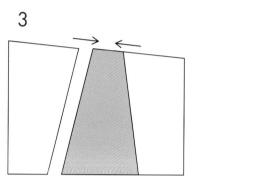

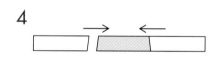

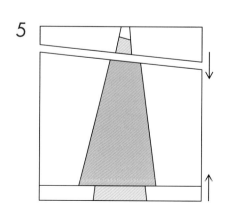

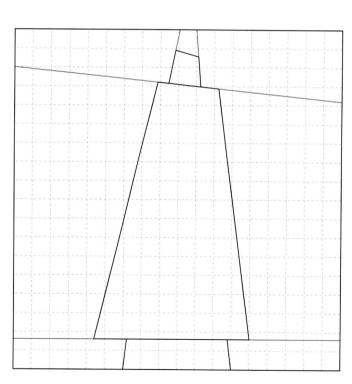

線條簡單又單純的線軸圖案。不管是哪種線軸,都要以橫向條紋或織紋等布料來呈現線的部分。

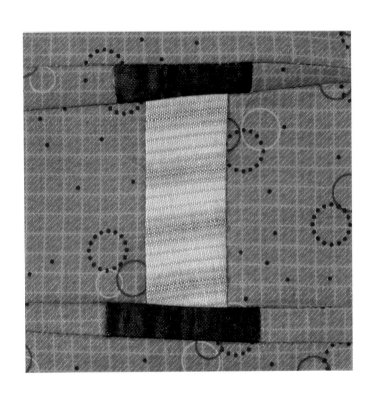

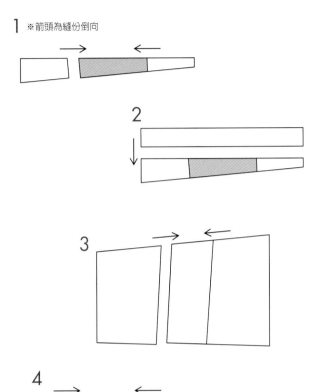

1　※箭頭為縫份倒向

2

3

4

5

6

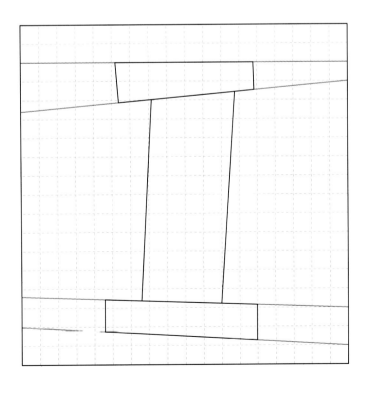

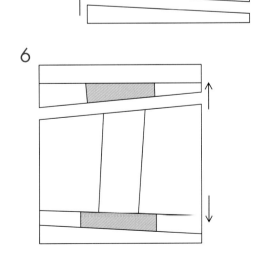

25 線軸 Ⅲ
spool Ⅲ

讓人聯想起樸素的木製線軸設計。底布也使用散亂了各種線軸的印花布。

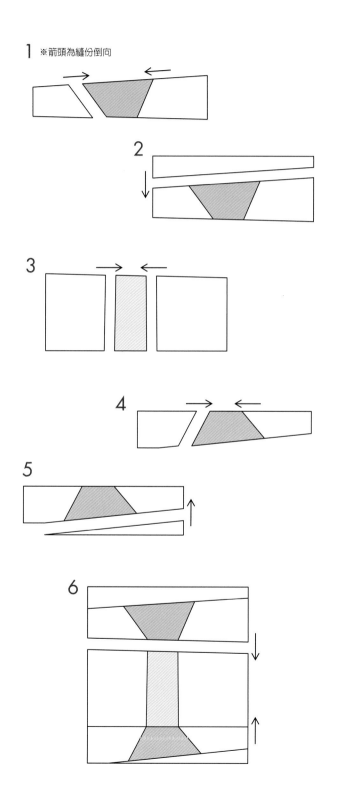

1 ※箭頭為縫份倒向

2

3

4

5

6

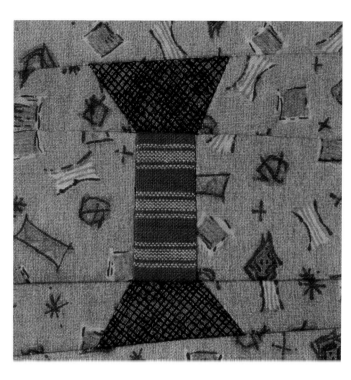

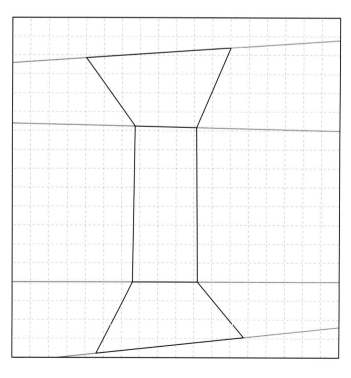

以剪影方式呈現貓咪蹲坐那種毫不在乎的感覺。耳朵、腳及尾巴是黑色，身體則是白、褐色的條紋布，全身是黑的……不妨試著多做一些貓咪。使用在P38的盒子作品。

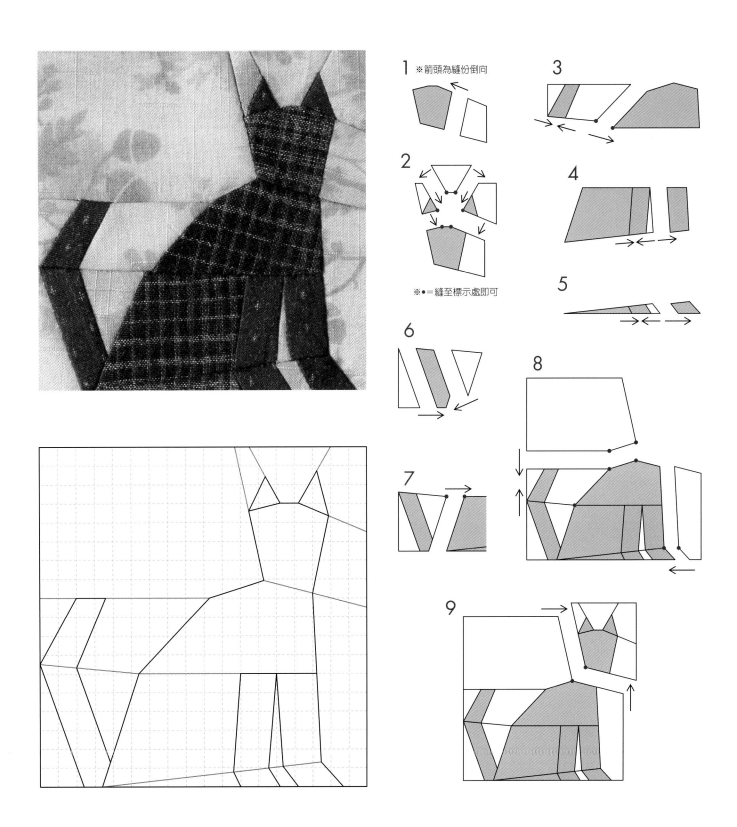

1 ※箭頭為縫份倒向

2

※●=縫至標示處即可

3

4

5

6

7

8

9

27 萊納斯
Linus

以狗站著的姿勢所設計而成。模特兒是我家愛犬萊納斯。四隻腳當中，陰影處的腳稍微改變顏色，就能呈現出立體感。使用在P38的盒子作品。

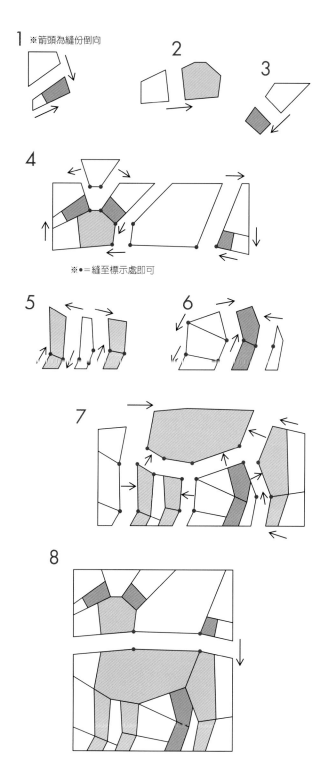

1 ※箭頭為縫份倒向

2

3

4

※●=縫至標示處即可

5

6

7

8

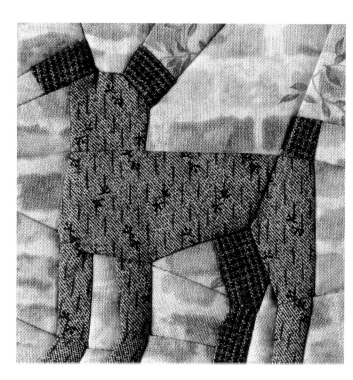

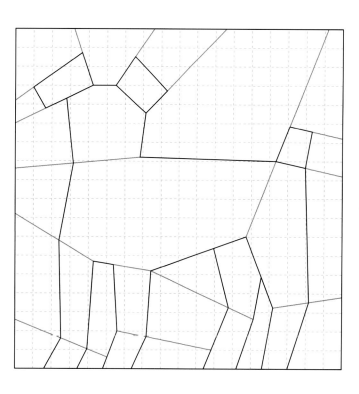

d 盒子

在盒子內放板子，讓形狀更堅固。盒蓋是貓咪與小狗面對面的圖案。側面是以中間為基點，左右兩邊並排的菱形。內側請選擇搭配作品風格的漂亮布料來縫製。

使用圖案 26・27（P36、37）、101（P126）
製作方法見P198

28 煩惱貓
worry cat

說到動物，只要仔細觀察，會發現牠們的表情都是非常豐富的。這隻貓看起來像不像在擔心些什麼呢？貓的鬍鬚用單線輪廓繡描繪出細線條。

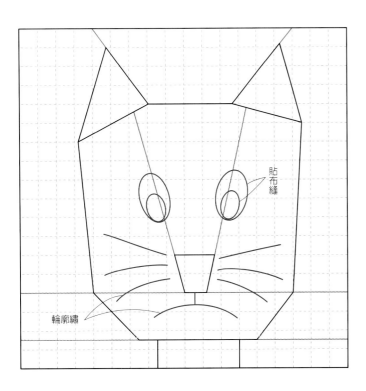

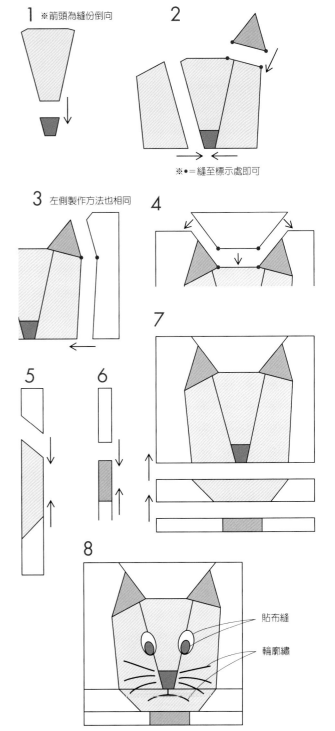

微笑狗
smiley dog

狗狗給人的印象就是有朝氣、充滿好奇心。縫製臉部圖案只要稍微改變眼睛位置或嘴巴的刺繡，表情也就不一樣了。請嘗試找出能創造出可愛表情的最佳位置。

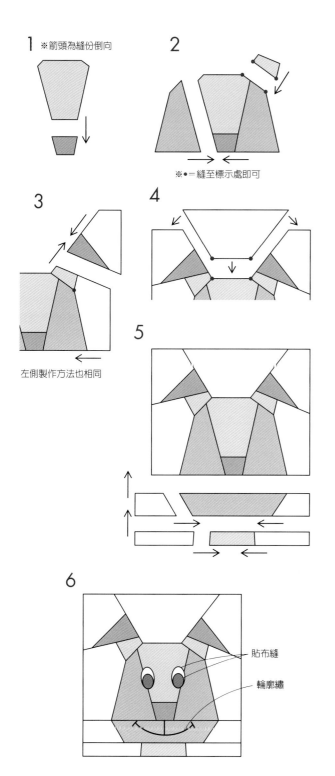

1　※箭頭為縫份倒向

2　※●=縫至標示處即可

3　左側製作方法也相同

4

5

6　貼布縫　輪廓繡

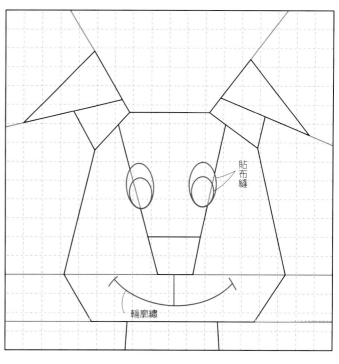

貼布縫

貼布縫

輪廓繡

30 兔子 rabbit

以兔子側臉所設計的圖案。雖然動物圖案大多使用在小朋友用品，但只要使用穩重色調的布料，就能營造出具典雅氣氛的兔子圖案。

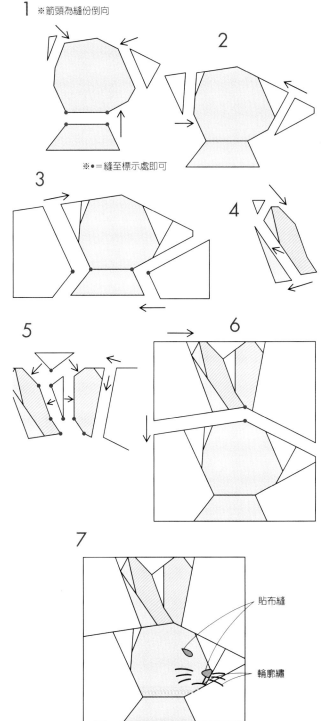

1　※箭頭為縫份倒向

2

※●＝縫至標示處即可

3

4

5

6

7

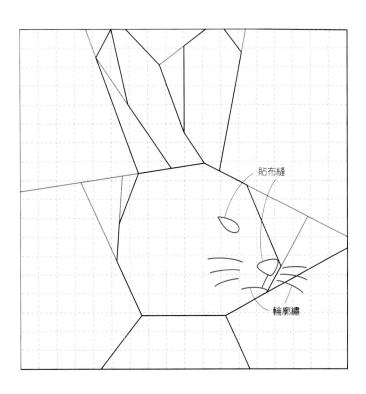

貼布縫

輪廓繡

貼布縫

輪廓繡

31 蝴蝶
butterfly

在傳統圖案當中，有一些以蝴蝶為主題的作品。本頁圖案是張開蝶翼的設計。觸角是用輪廓繡來表現。

1 ※箭頭為縫份倒向

2

3

右側製作方法也相同

4

5

6

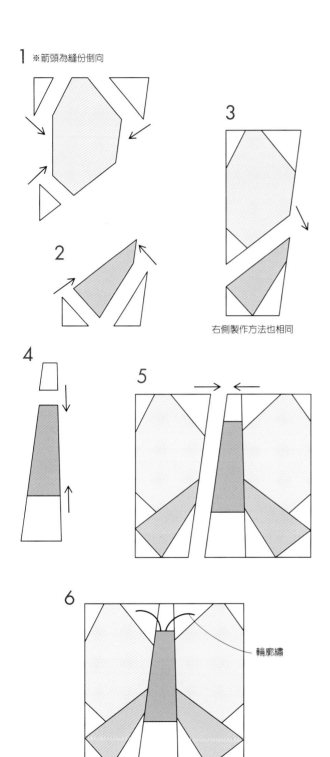

輪廓繡

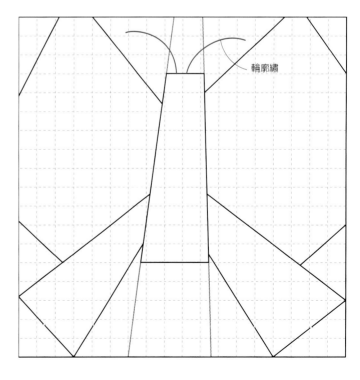

輪廓繡

蜻蜓略微透明的翅膀選擇淺色格紋布料製作。也可做成紅蜻蜓喔。底布選擇如秋天草堆的印花布。具特殊形狀的頭部是貼布縫。

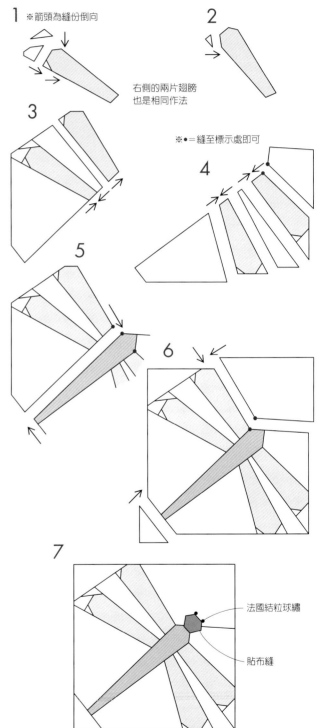

1 ※箭頭為縫份倒向

2

右側的兩片翅膀也是相同作法

※●=縫至標示處即可

3

4

5

6

7

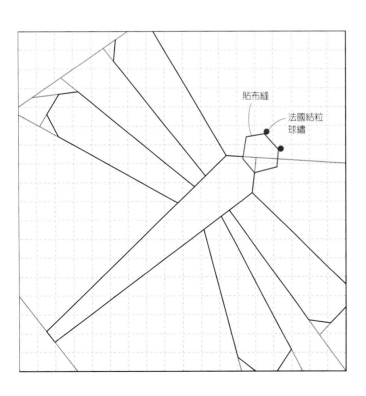

貼布縫

法國結粒球繡

法國結粒球繡

貼布縫

33 獨角仙
beetle

嘗試縫製深受小朋友喜愛的獨角仙。背部翅膀的布塊並不是左右對稱的,請特別注意。果然還是有橡實花樣的布料,適合這個圖案的底布吧。使用在P50的萬用包。

1 ※箭頭為縫份倒向

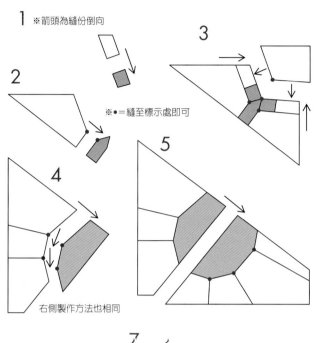

※●=縫至標示處即可

右側製作方法也相同

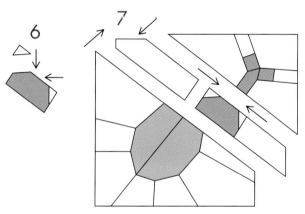

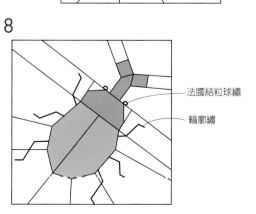

法國結粒球繡

輪廓繡

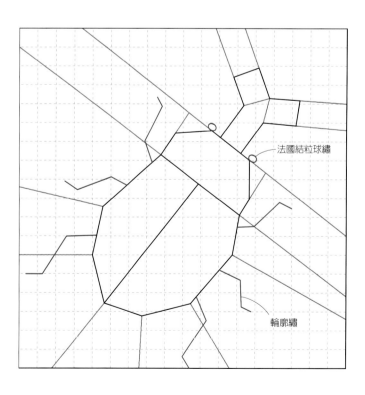

法國結粒球繡

輪廓繡

想要設計魚的圖案,而圓點印花布最適合河豚啦!帶著頑皮的心態,幫河豚繡上眼睫毛。邊做邊想著:「這塊布適合拿來製作什麼魚呢?」真是有趣極了。

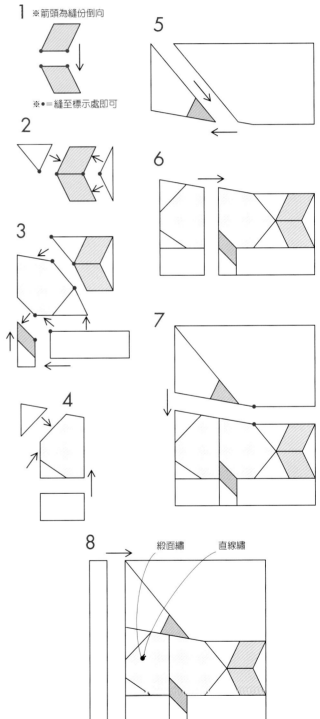

1
※箭頭為縫份倒向

※●=縫至標示處即可

2

3

4

5

6

7

8
緞面繡　　直線繡

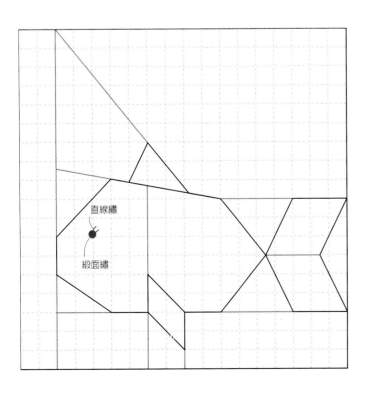

直線繡

緞面繡

35 秋刀魚
saury pike

纖細瘦長的輪廓是秋刀魚的特徵。和P34的河豚、P36的螃蟹搭配使用，就能縫製出海底動物的圖案。底布選擇有著如水底氣泡的印花布。

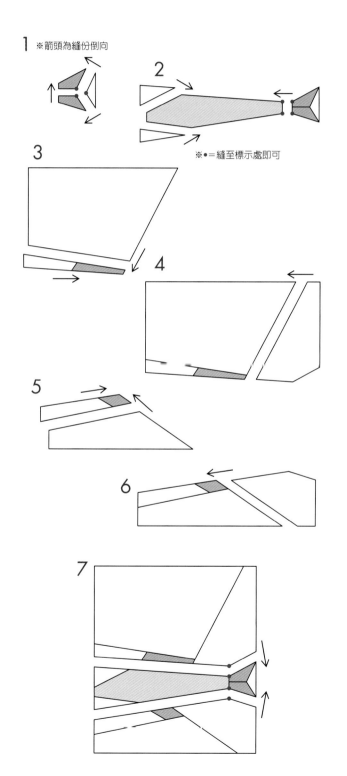

1 ※箭頭為縫份倒向

※●=縫至標示處即可

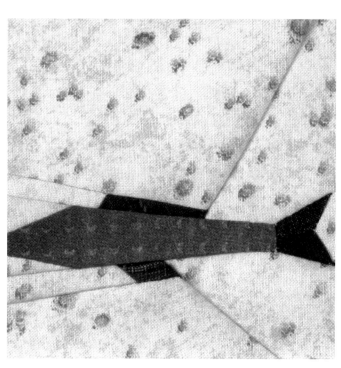

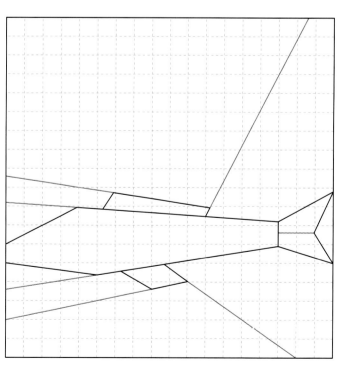

螃蟹
crab

在散布著星形海星的海邊，揮舞著兩隻大夾子的紅色螃蟹。
腳用輪廓繡縫製。看起來較粗的部分是用雙線繡出來的。

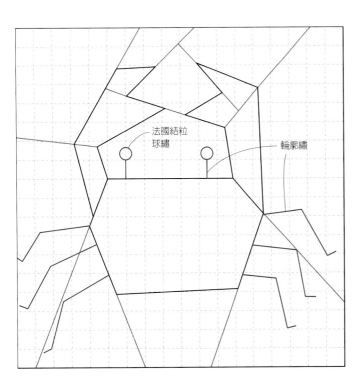

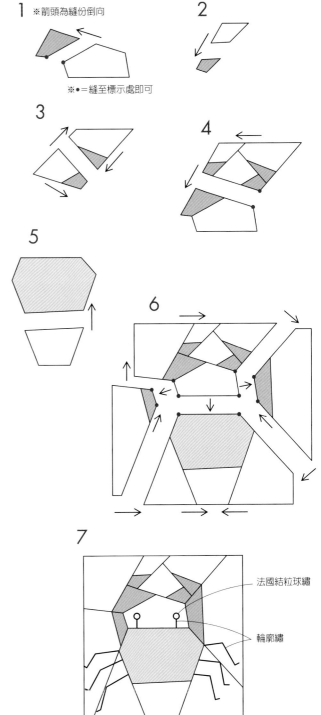

37 機器人
robot

嘗試只用四角形拼出來的機器人圖案。面無表情的地方才可愛。使用在P51的萬用包，頭部繡上螺旋槳，手跟身體則是貼布縫。

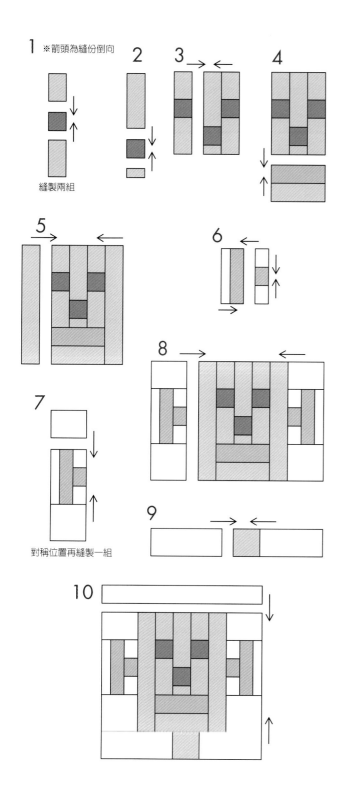

1 ※箭頭為縫份倒向

2

3

4

縫製兩組

5

6

7

對稱位置再縫製一組

8

9

10

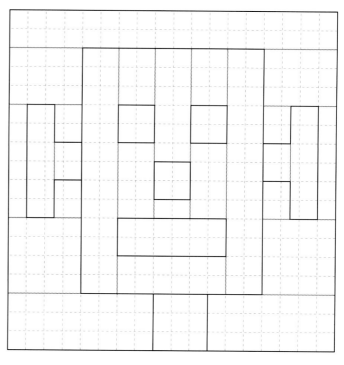

e 萬用包

搭配獨角仙圖案，使用橡實花樣的印花布製作而
成的萬用包。前側口袋的滾邊讓樹幹更加突顯，
並以貼布縫縫上枝幹及樹葉。像樹葉與紅色果實
的拉鍊裝飾也很適合森林氣氛。

使用圖案 （P45）
製作方法見P200

f 萬用包

雖然P37的圖案只有機器人的臉,若嘗試貼布縫
上手跟身體的話,就會更像機器人了。後側是貼
布縫縫上英文字母「Robot」。是會讓小朋友開心
的圖案,就算大人使用也會很幽默、可愛。

使用圖案 37(P49)
製作方法見P202

A

A of the alphabet

從A到Z，以26個英文字母設計出的圖案。幾個字母組合在一起，製作出名字或字首，或是拼出喜歡的單字，享受充分運用時所帶來的樂趣。

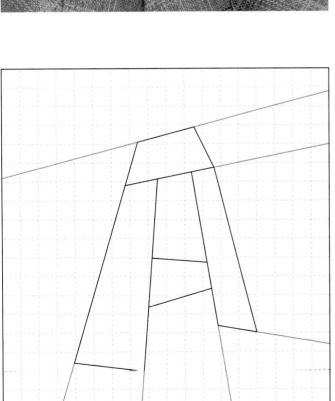

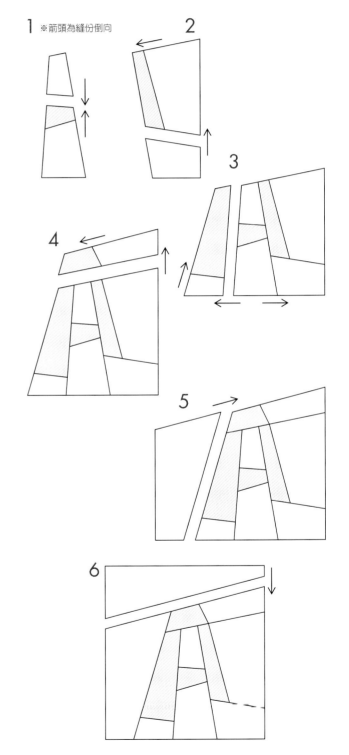

39 B
B of the alphabet

像是隨手一寫的英文字母，用不同寬度所組合出的文字形狀更具魅力。跟其他圖案一起使用也不會顯得不搭調。

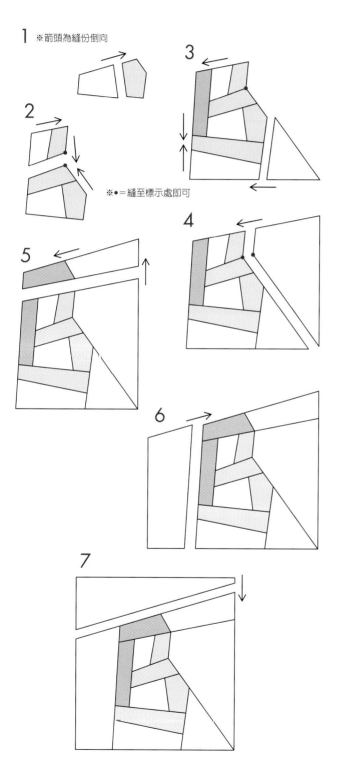

1 ※箭頭為縫份倒向

2

3

※●=縫至標示處即可

4

5

6

7

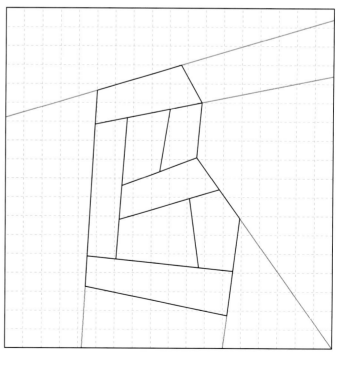

使用染紗格紋布來縫製英文字母C，底布則使用有點模糊的漸層色布料。帶點弧度的線條是用布塊拼接所組成的。

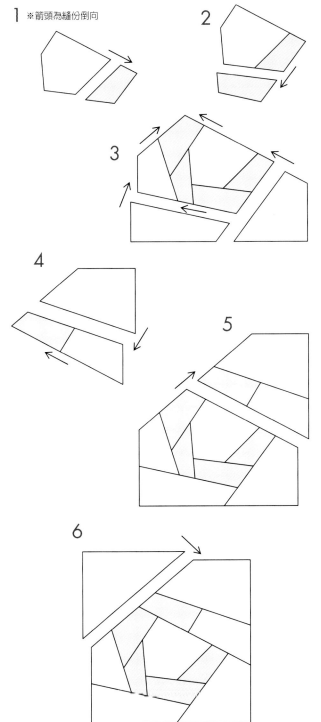

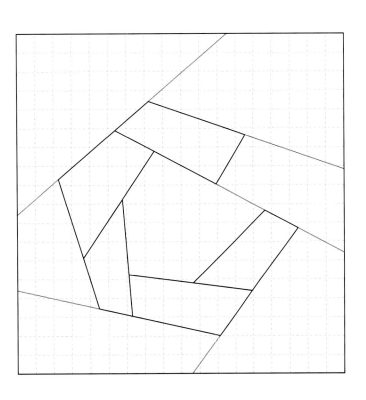

D
D of the alphabet

底布是選擇兩種色調相近的布料。英文字母D稍微傾斜，失去平衡感的地方才更有趣。

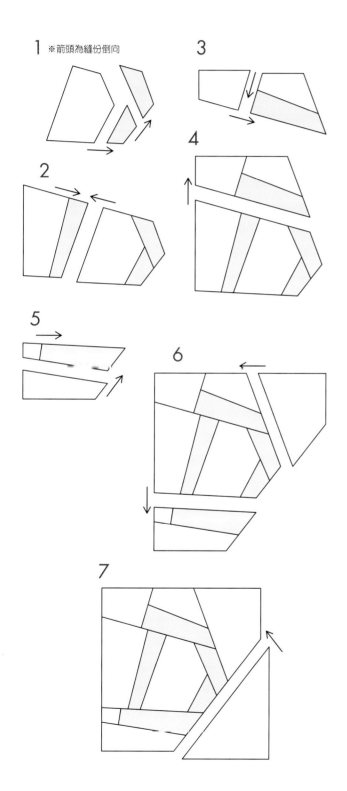

1 ※箭頭為縫份倒向

2

3

4

5

6

7

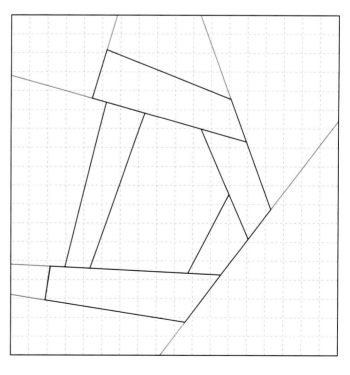

主題部分及底布都是使用格紋布料。想特別突顯的英文字母E，使用顏色對比強烈及格紋明顯的布料縫製。

1 ※箭頭為縫份倒向

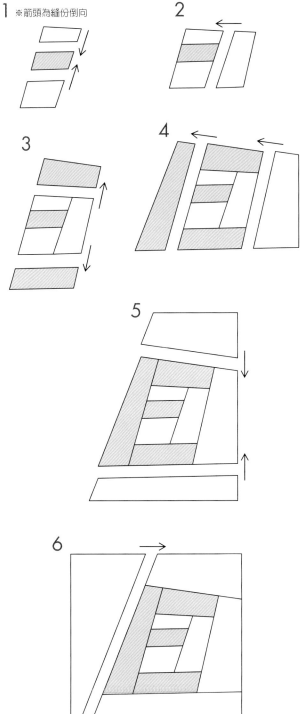

布塊是用有成熟花紋及粗條紋的布料剪裁而成的。底布如使用有方向性的條紋布,雖然可讓條紋規規矩矩往同一方向,但這裡卻刻意呈現出不規則感。

1 ※箭頭為縫份倒向

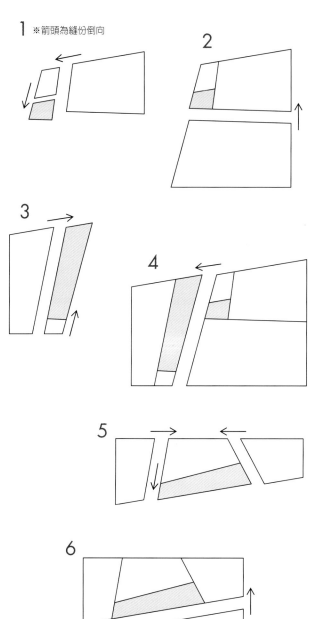

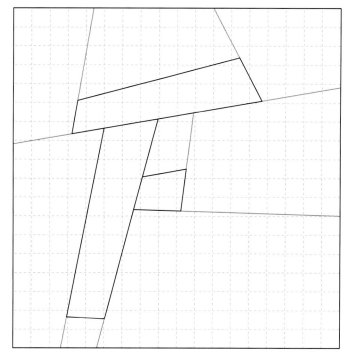

格紋與格紋的組合。部分的底布是將布塊剪裁成斜紋布。改變一下方格紋的方向，就會有不同的變化。

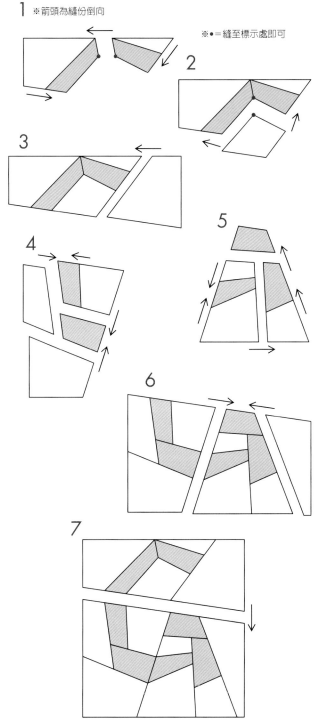

1　※箭頭為縫份倒向

※●=縫至標示處即可

2

3

4

5

6

7

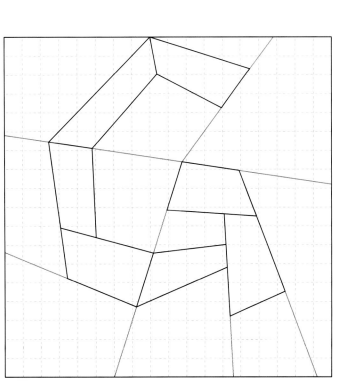

4.5 H
H of the alphabet

把英文字母H的縱線做成長、短兩條，從格紋布剪裁布塊。
整體稍微有些失去平衡，卻能讓H看起來更加活潑。

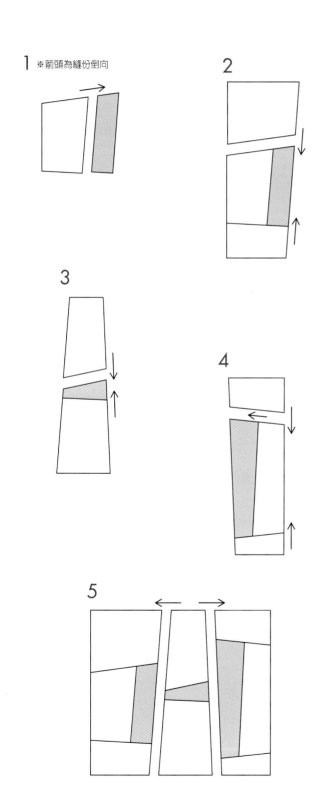

1 ※箭頭為縫份倒向

2

3

4

5

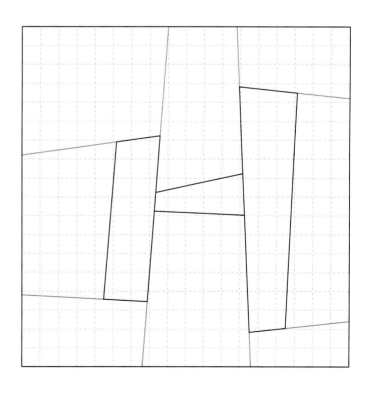

或許看起來像是纖細的線軸，卻是英文字母I的圖案。以木條紋印花布為底布，讓直線線條更加被強調出來。

1　※箭頭為縫份倒向

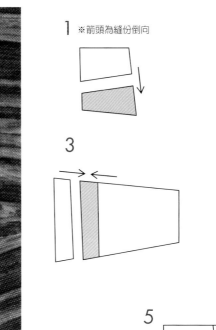

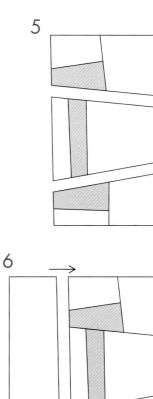

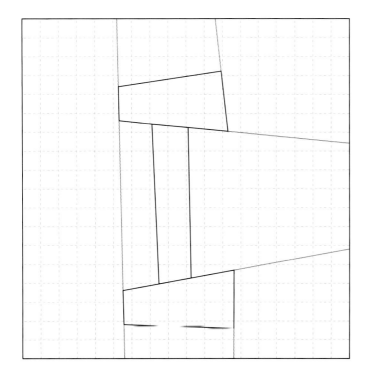

選擇兩種質感不同的綠色系布料來製作英文字母J。底布則以駝色小花圖案來統一。

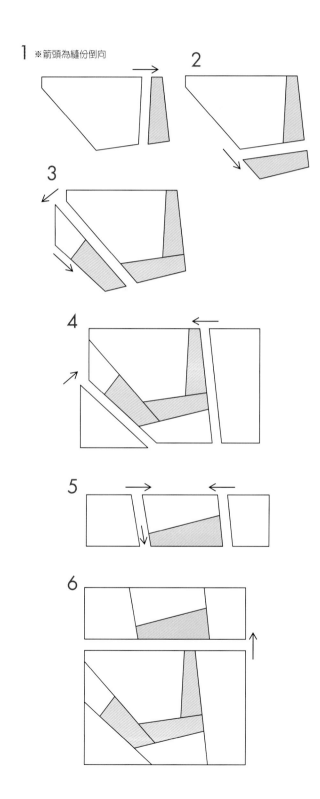

1 ※箭頭為縫份倒向

2

3

4

5

6

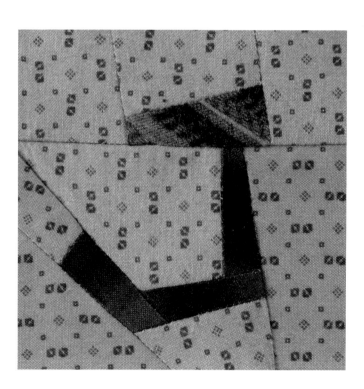

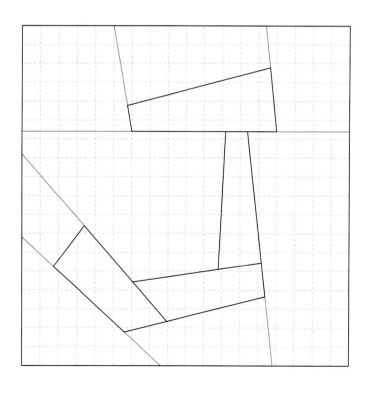

文字的部分是灰色小花圖案。底布使用一種大方格布料，但布塊剪裁的方式不同，就能做出帶有狂熱氣息的作品。

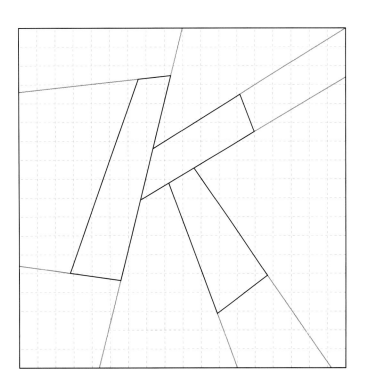

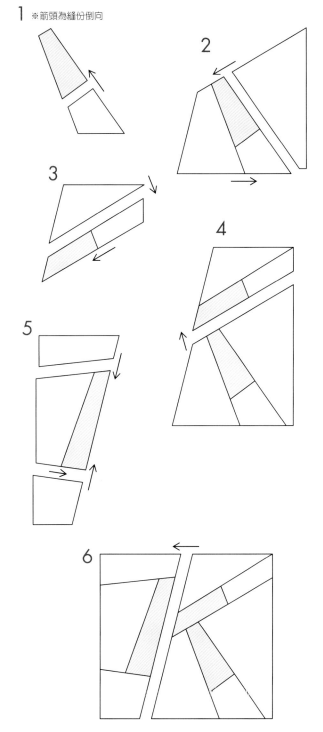

1 ※箭頭為縫份倒向

2

3

4

5

6

49 **L**

L of the alphabet

英文字母L和底布統一使用駝色系來縫製。同時組合好幾種圖案時,選擇沉穩色系的布料,較能讓作品更有一體的感覺。

1 ※箭頭為縫份倒向

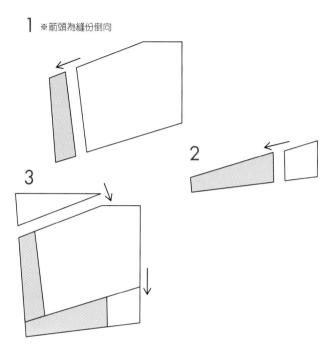

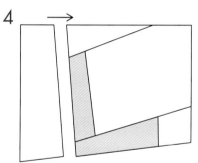

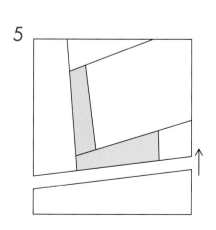

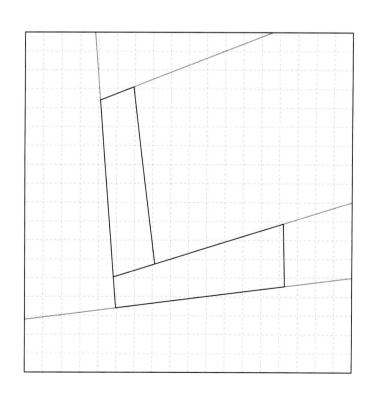

英文字母M的山形尖角是輪廓重點。為讓尖角能完美呈現，請用布塊拼縫。

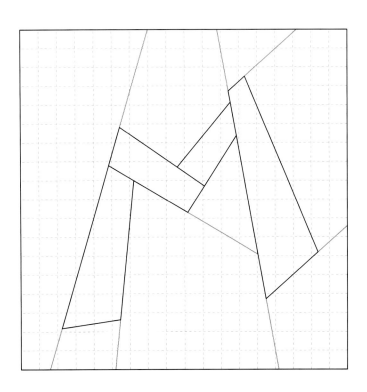

1 ※箭頭為縫份倒向

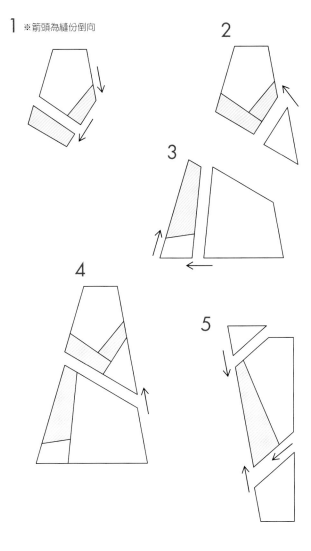

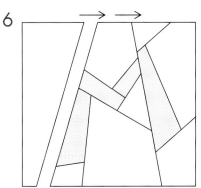

51

英文字母N設計成具銳利感的作品，並使用時髦褐色系的格紋。底布則是市松模樣的織布。

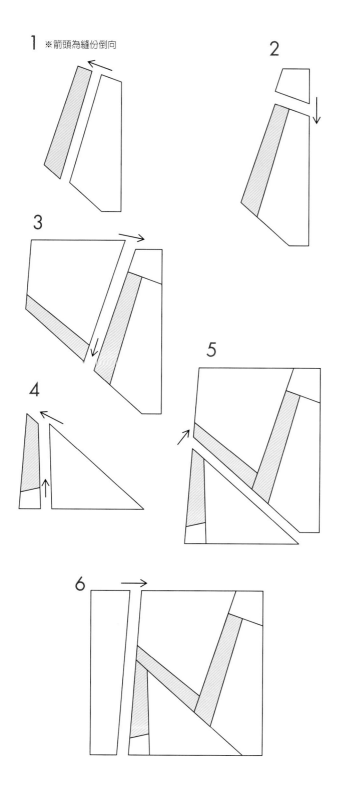

1 ※箭頭為縫份倒向

2

3

4

5

6

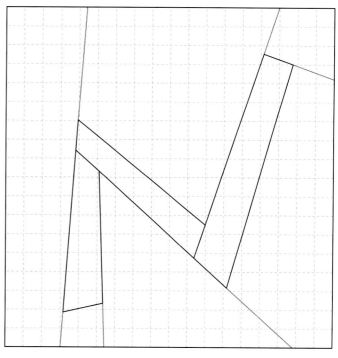

墨綠色文字跟駝色染紗格紋的組合，英文字母O中間孔洞部分的底布分成上下兩塊。

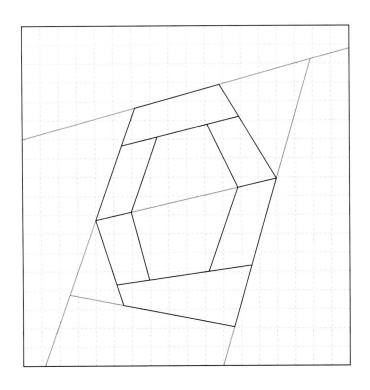

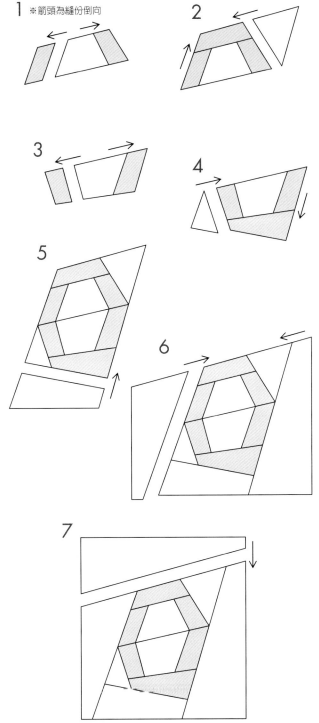

1 ※箭頭為縫份倒向

2

3

4

5

6

7

53 P
P of the alphabet

黑格紋底布讓文字主題更加突顯出來。英文字母P使用沉穩的灰藍色印花布。

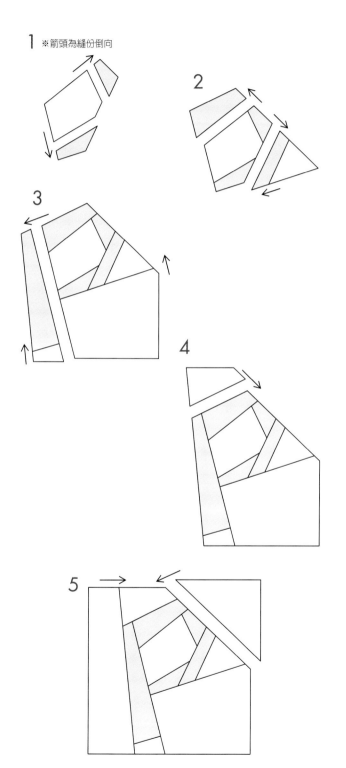

1 ※箭頭為縫份倒向

2

3

4

5

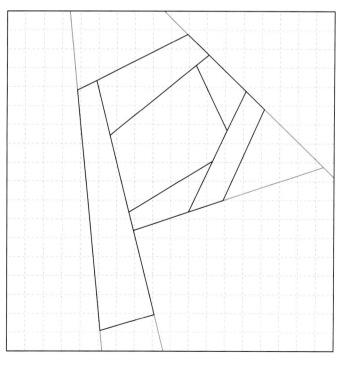

改變英文字母Q下方橫線的布料，讓作品更有特色。嘗試與粗方格紋織布的底布做搭配。

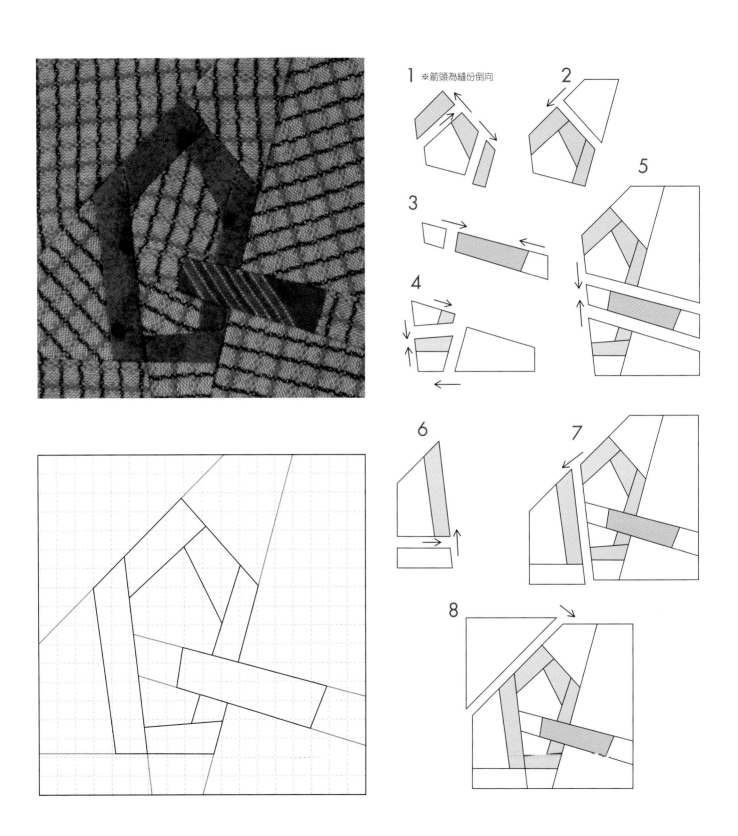

1 ※箭頭為縫份倒向

2

3

4

5

6

7

8

55 ^R

55 **R**

R of the alphabet

英文字母R使用如大理石般的染紗風印花布。有著直條紋與點點花樣的底布，添加些許的可愛。

1 ※箭頭為縫份倒向

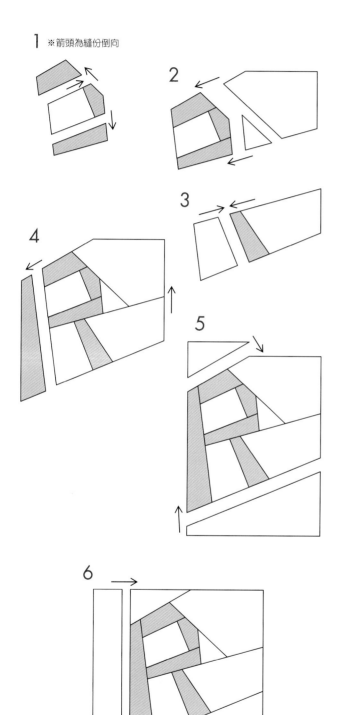

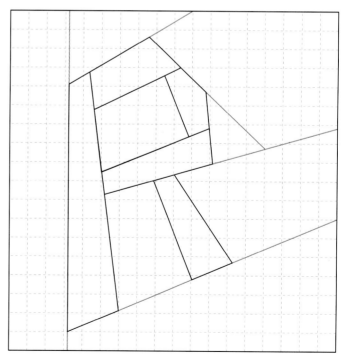

英文字母S全由曲線所組成，所以要藉由小布塊縫接而成。底布分割成許多部分，比起大格紋，這樣大小的格紋反而較易使用。

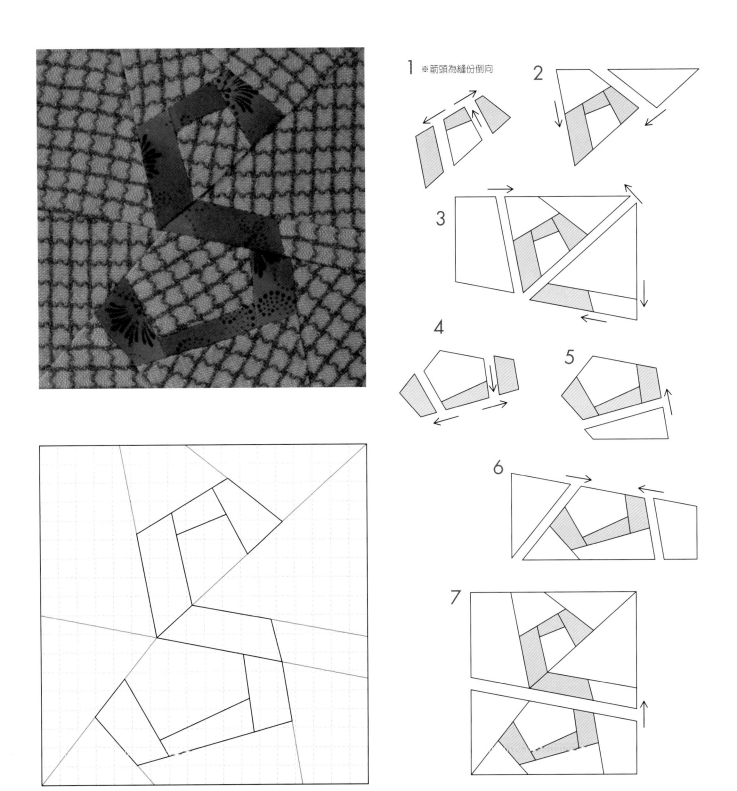

57 T
T of the alphabet

形狀簡單的英文字母T，在橫線兩端加上角度，讓作品更有特色。藍色系格紋與駝色系織紋布，看起來更加清爽。

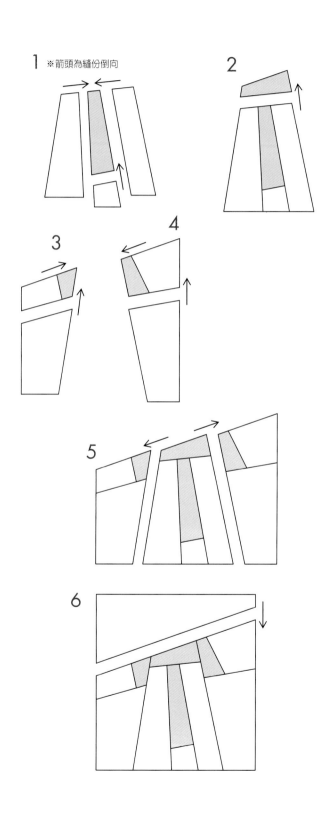

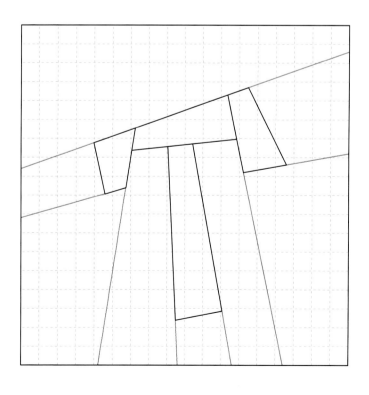

alphabet　71

有點失去平衡感的英文字母U，看起來更加有趣，以此設計出左右不對稱的圖案。

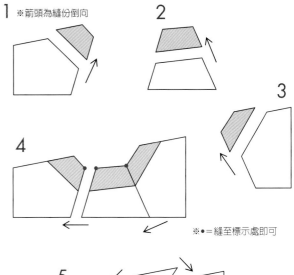

1 ※箭頭為縫份倒向

2

3

4

※●＝縫至標示處即可

5

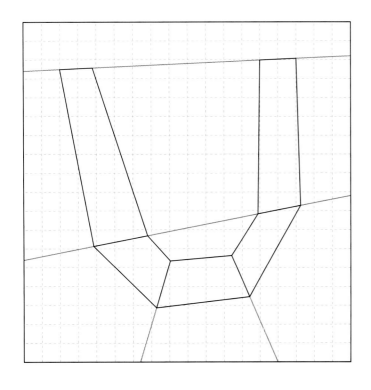

6

7

59 V
V of the alphabet

英文字母V本身是很簡單的,所以用粗線條來呈現。底布選擇深色格紋布,讓文字看起來更清晰。

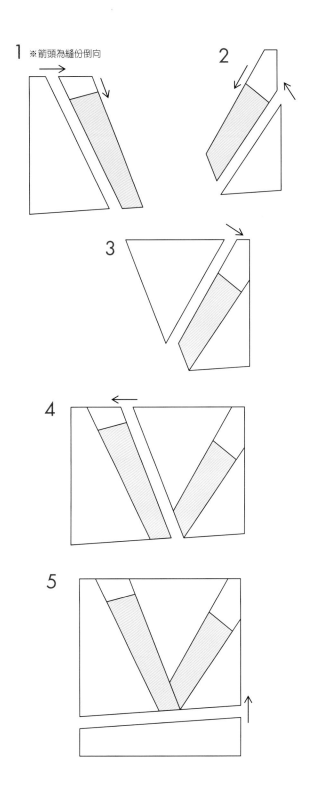

1 ※箭頭為縫份倒向

2

3

4

5

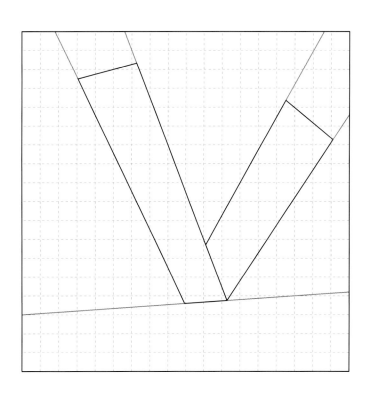

組成英文字母W的布塊是用黑色格紋布剪裁的。此主題是直線，所以底布用小花印花布，讓作品看起來比較柔和。

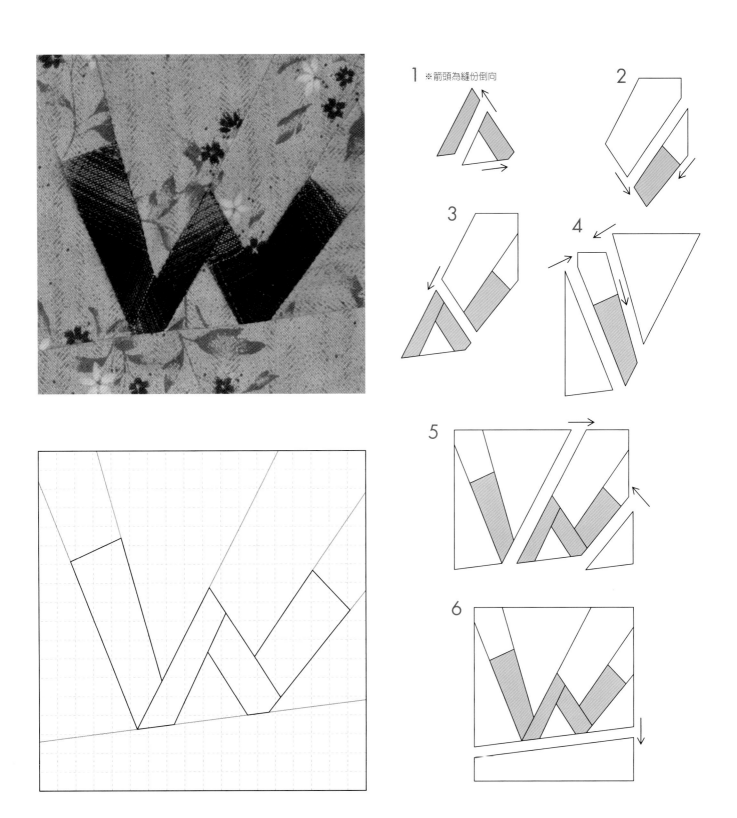

1 ※箭頭為縫份倒向

61 X
X of the alphabet

為讓英文字母X看起來不像十字架，而刻意去強調布塊的粗細。文字部分是使用小星星及月亮的花樣，底部則用有點模糊的印花布。

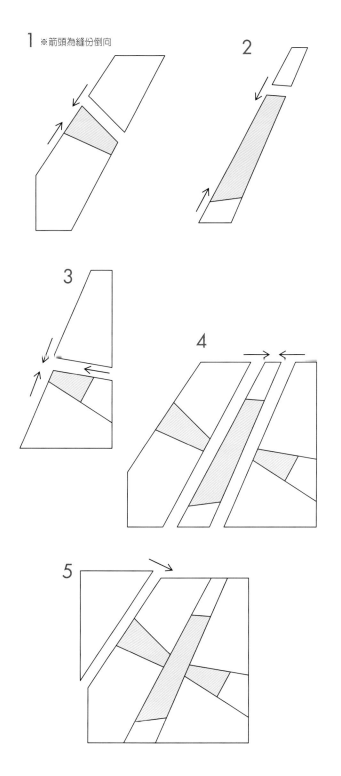

1 ※箭頭為縫份倒向

2

3

4

5

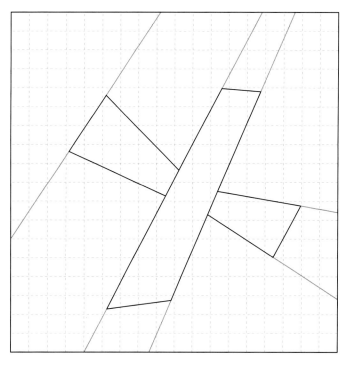

主題與花樣都是由直線組合而成的。駝色的底布依據布塊剪裁位置的不同，不但會有直線條也會有格紋花樣。

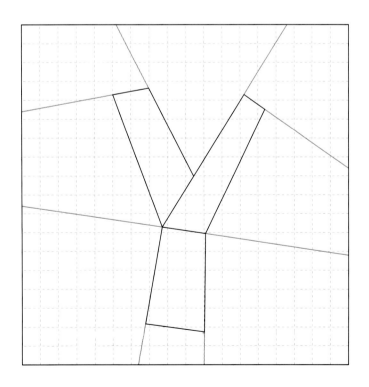

1 ※箭頭為縫份倒向

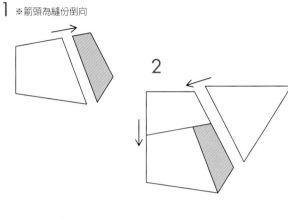

2

3

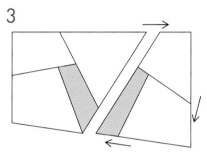

4

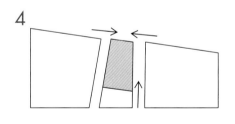

5

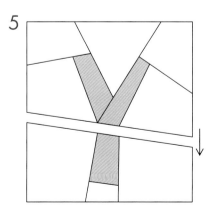

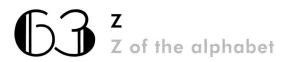

63 ^z
Z of the alphabet

最後一個英文字母Z，圖案呈現直線且輪廓乾淨俐落。底布使用表面有些許起毛的格紋法蘭絨布。

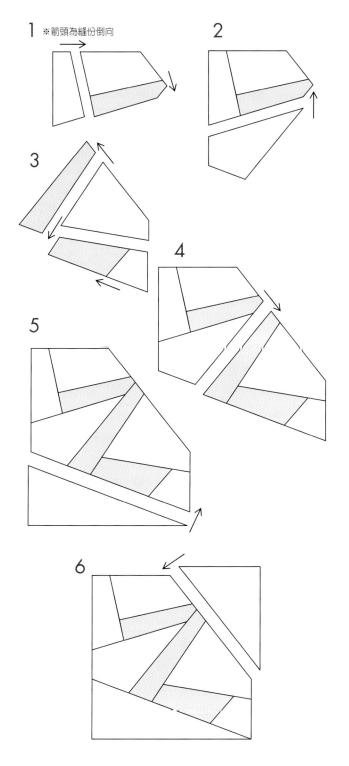

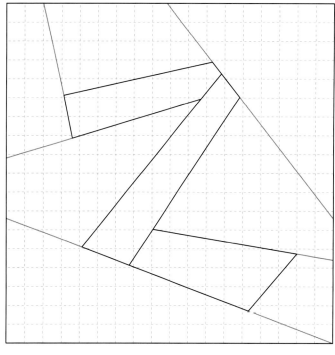

64 小徑
path way

變形九宮格的一種。例如P86的迷你包包,使用好幾塊拼接的話,就會有參差不齊的線條出現。若將主題的布塊剪裁得比較小塊,作品整體就會很可愛、很協調。

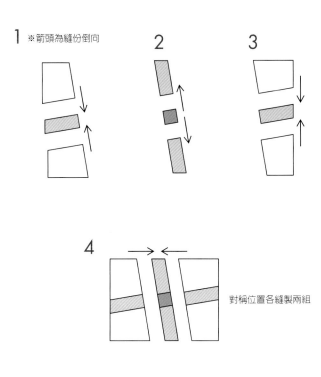

1 ※箭頭為縫份倒向

2

3

4

對稱位置各縫製兩組

5

縫製兩組

6

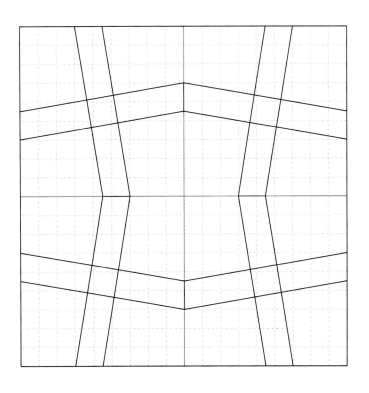

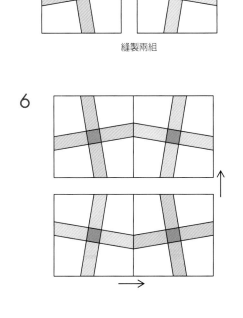

65 手工九宮拼縫
freehand nine patch

相當熟悉的九宮拼縫，只要嘗試讓整體平衡歪斜，就能創造出屬於自己的設計。不規則四角形全都是淺色，而底布則選擇深色，整體感覺就會變得很有趣。

1 ※箭頭為縫份倒向

2

3

4

5

6

7

8

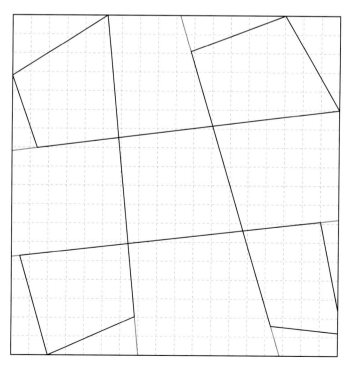

66 井字
parallel cross

以隨意書寫的「井」字所設計而成的圖案。與其將主題圖案做大所帶來的壓迫感，不如保留四周的空間，這樣會讓形狀看起來更有趣。

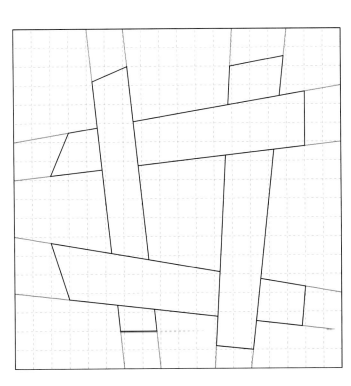

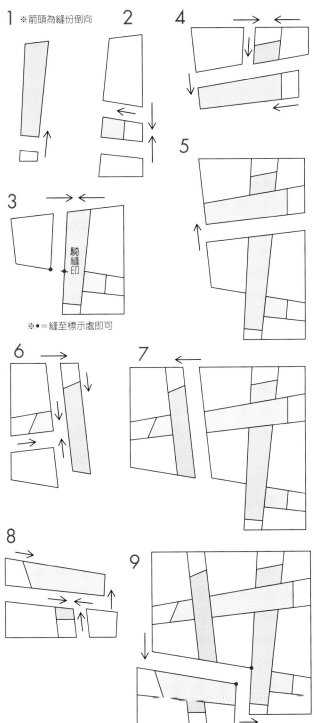

67／古井
old well

重複拼接好幾塊相同的圖案時，在上下、左右各連接三條直線的設計。這些直線只要跟中間四角形框架的顏色不同，就像正方形主題墊在直線上面。

1 ※箭頭為縫份倒向

2

3

4 縫製四組

5

6 縫製兩組

7

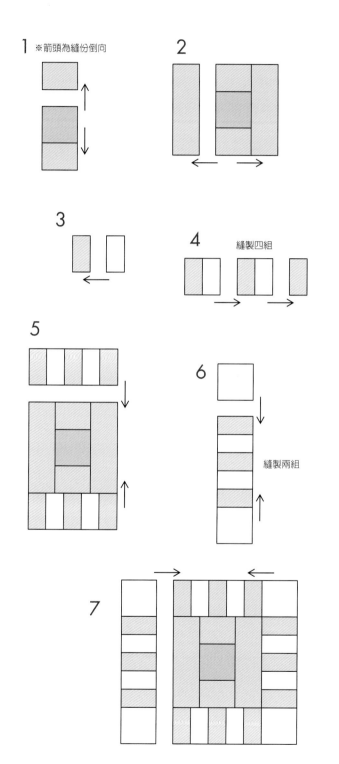

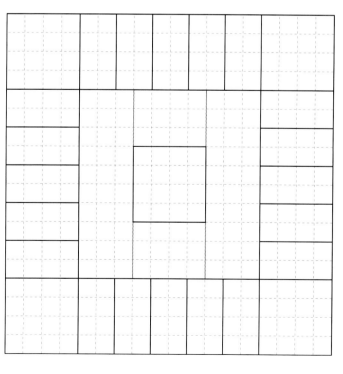

重疊幾個四角框框所設計而成的圖案。纖細的框框線條跟底布是非常協調的。由上而下,往深井看下去,應該就是這種情形吧!

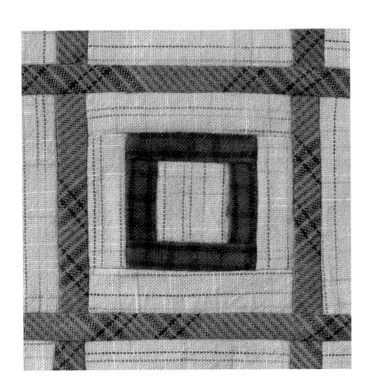

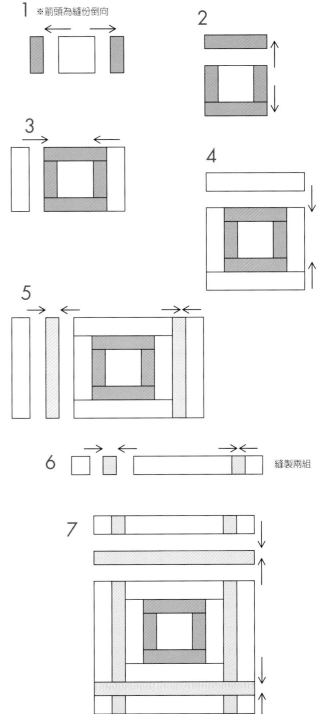

1 ※箭頭為縫份倒向

2

3

4

5

6 縫製兩組

7

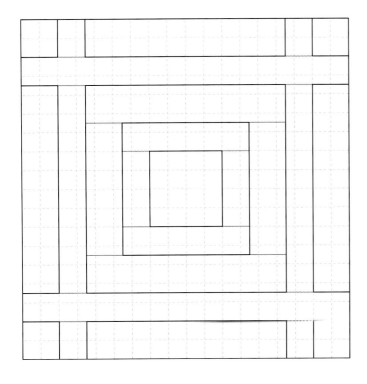

69 即興四角形
free square

直接把隨意描繪的四角形縫貼而成的圖案。底布選用深色，讓四個四角形像漂浮起來似的，效果也不錯呢。使用在P87的萬用包。

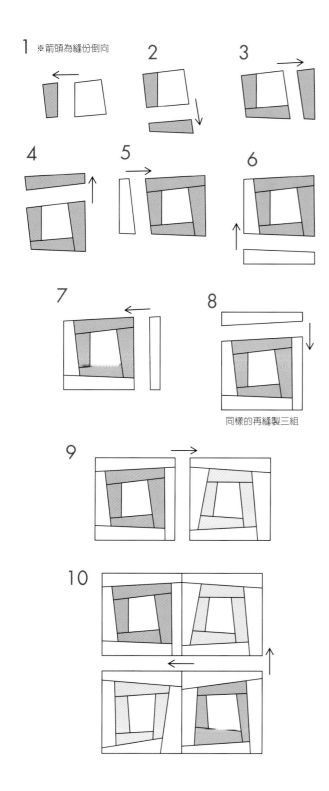

1 ※箭頭為縫份倒向

2

3

4

5

6

7

8

同樣的再縫製三組

9

10

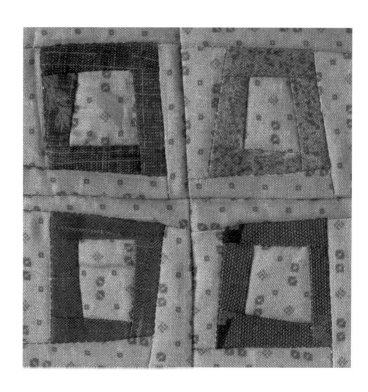

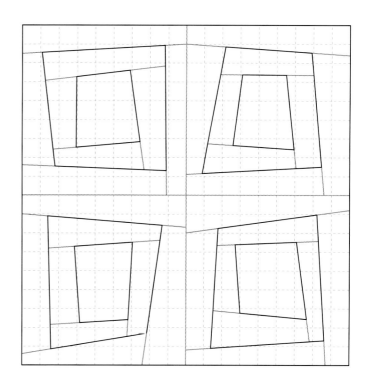

g 小提袋

裝上短皮革把手的迷你提包。縫
製四組相同區域所組成的圖案，
在拼接幾個區域後，細直線會變
得有點歪斜的千鳥形狀。活用不
做作又很可愛圖案魅力的作品。

使用圖案 64（P80）
製作方法見P203

h 萬用包

搭配有如手工描繪的四角形圖案，萬用包袋口縫貼上千鳥圖案。底部襠布與膨膨的形狀，令人意外的是裡面能放進許多東西，方便而實用。

使用圖案 ⑥⑨（P85）
製作方法見P204

如蝴蝶結般的細十字及小三角形的組合。中間的菱形雖是小布塊，但以深色布料縫製，是讓整個作品更協調的關鍵。

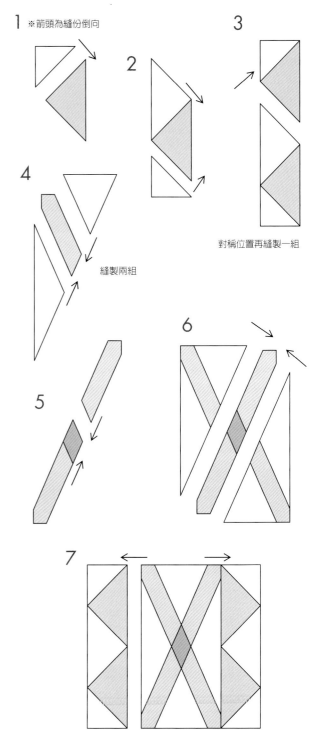

1 ※箭頭為縫份倒向

2

3

對稱位置再縫製一組

4

縫製兩組

5

6

7

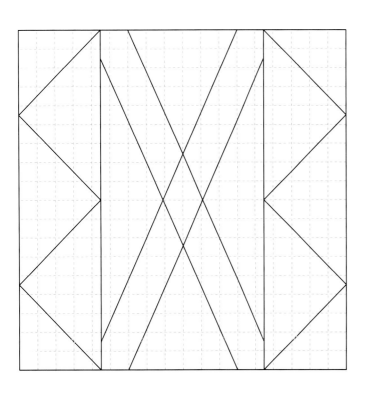

7/1 膠囊
capsule

前端為銳角六角形的主題，就像是膠囊一樣。四個相同的區域呈縱、橫配置，在中央拼接成一個大正方形。這個圖案只要配色不同，就能產生各式各樣的表情。

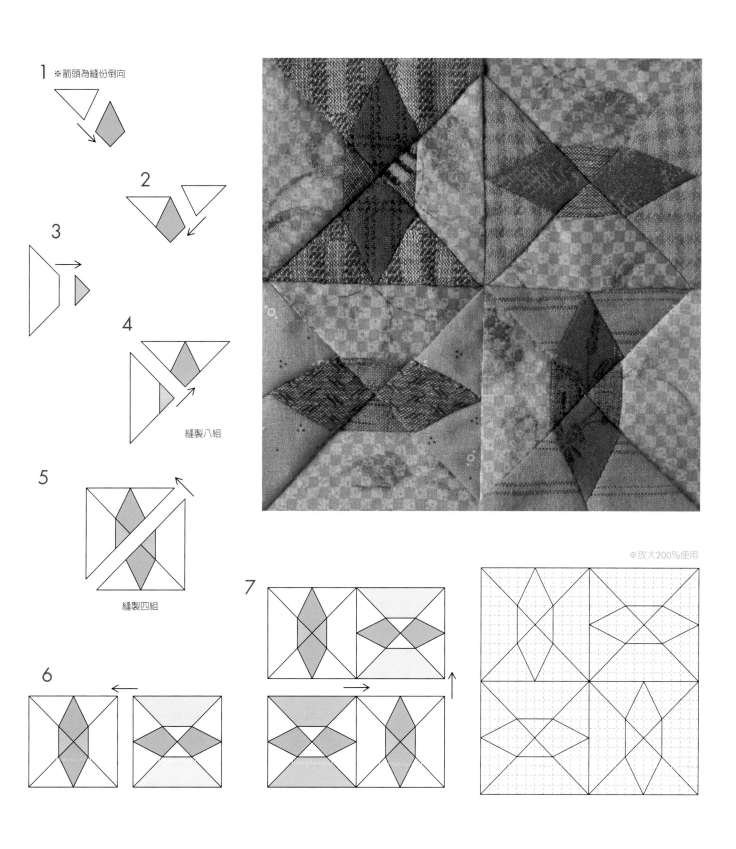

1 ※箭頭為縫份倒向

2

3

4

縫製八組

5

縫製四組

6

7

※放大200%使用

72 千鳥三明治
zigzag sandwich

三條縱線之間夾著千鳥圖形。若將左右千鳥圖形的後半段稍微錯開的話，就會出現正方形。只要稍加嘗試，變化會更加豐富，這就是這個圖案有趣的地方。請試著下各種工夫。

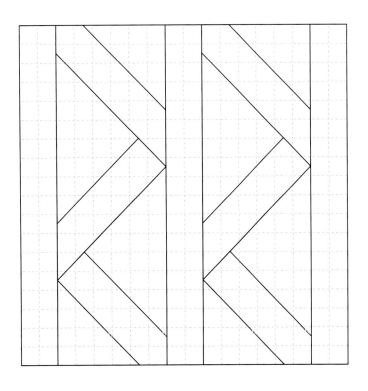

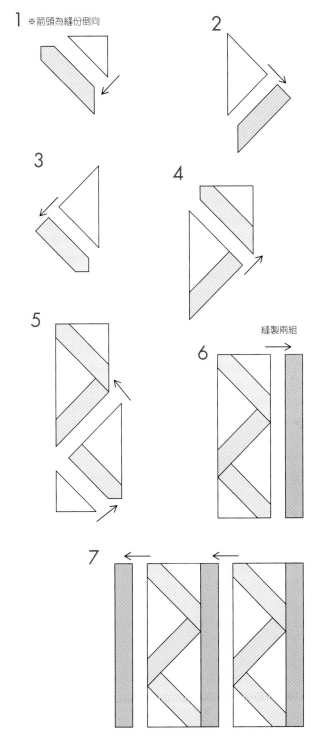

1 ※箭頭為縫份倒向

2

3

4

5

6 縫製兩組

7

7/3 蛇舞
snake dance

和圖案72相同，都是將千鳥圖案縱向排列而成，但這個圖案卻不在中間縫接布塊，而是把兩個千鳥圖案並排在一起。底布是用同色系的小布塊組合而成，這讓線條較粗的千鳥圖案更加醒目。

1 ※箭頭為縫份倒向

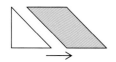

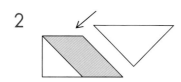
2

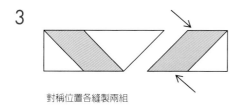
3

對稱位置各縫製兩組

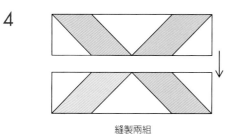
4

縫製兩組

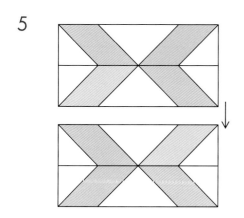
5

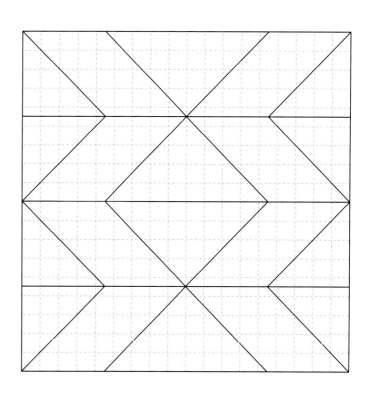

74 繫帶子
tie a sash

不管是縱向或是橫向，只要幾塊布塊並排縫接就可完成的有趣設計。縱向拼接變成滾邊應該也不錯。P93的籃子是以這個圖案90度圍繞而成的。

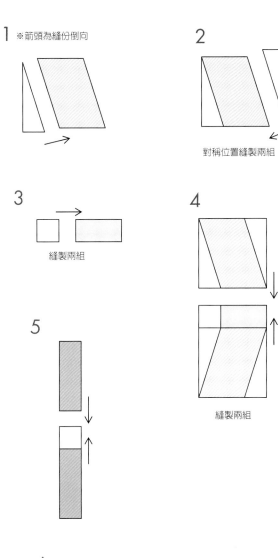

1 ※箭頭為縫份倒向

2

對稱位置縫製兩組

3

縫製兩組

4

縫製兩組

5

6

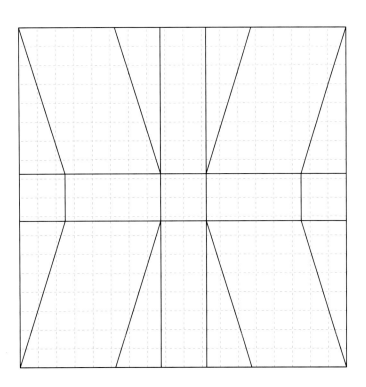

i 籃子

將五片圖案74縱向拼接起來所描繪出來的千鳥紋
籃子,大小適合放在餐桌裝一些小東西。藉由提
把、滾邊,以及底部使用的菱紋燈芯絨,增添作
品的溫暖氣氛。

使用圖案 **74**（P92）
製作方法見P205

7/5 十字路口
crossroads

將許多相同圖案縫接在一起，就會出現充滿魅力的設計。把幾塊拼縫起來，就像街道一般上下、左右往外延伸。中間的正方形布塊以一朵花的花樣來裝飾。

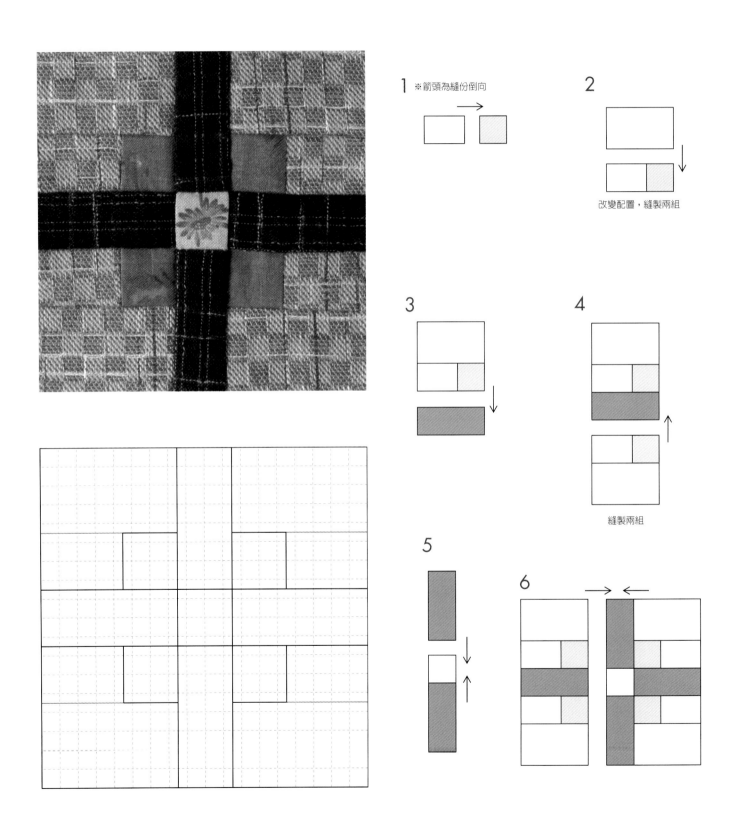

1 ※箭頭為縫份倒向

2

改變配置，縫製兩組

3

4

縫製兩組

5

6

76 城牆
surround with wall

以城牆將十字形圍繞起來的設計。四個角落的小正方形從底部大正方形向外突出是此作品的重點。平衡有點失調更是有趣的地方。

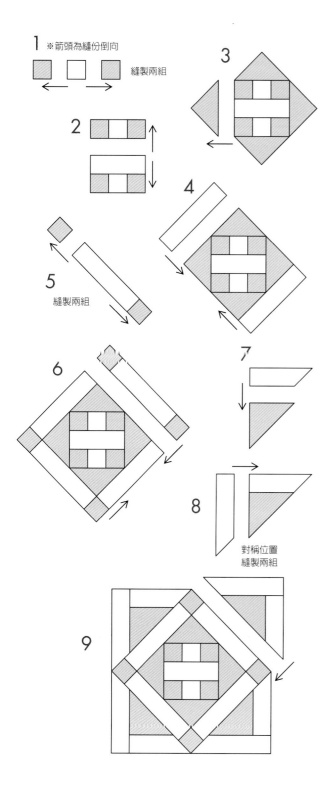

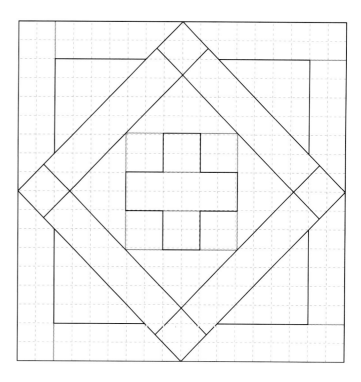

底布選擇看起來像沒有花樣的，大十字與小十字感覺像各自浮現在上面的樣子。細布塊較多，縫接的地方有很多，請小心不要搞錯縫接的位置。

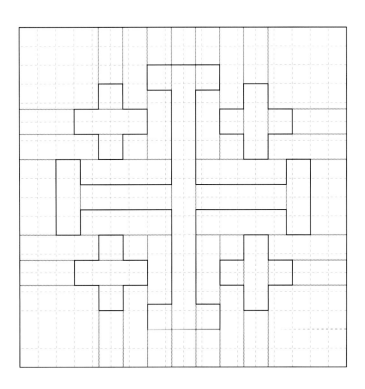

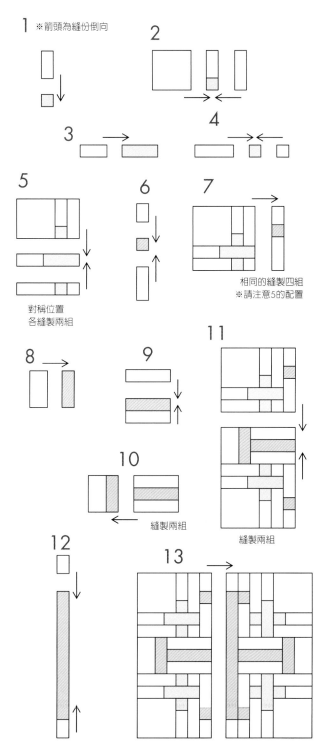

7/8 中央星星
center star

粗十字的中間閃耀著星星的設計。十字邊緣用細直線布條圍繞，看起來就像有外框。底布用粗線織入點狀，看來樸素卻有深淺度的布料。

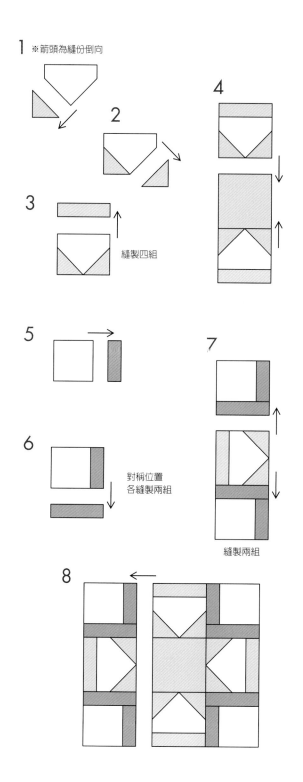

1 ※箭頭為縫份倒向

2

3　縫製四組

4

5

6　對稱位置
各縫製兩組

7　縫製兩組

8

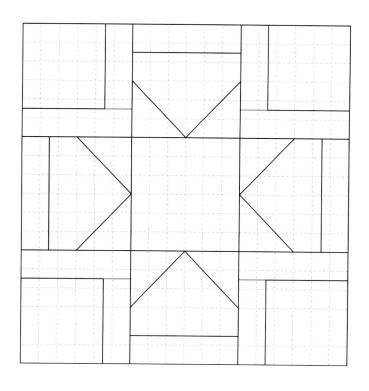

十字是經常出現在我作品裡的主題。看起來很簡單的十字形，其實是需要精心縫接的圖案。隨著重疊在一起的十字和背景布料的不同搭配，作品所呈現出的感覺也大不相同。

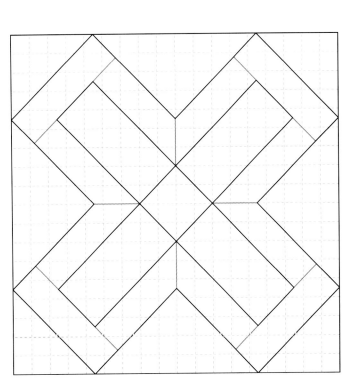

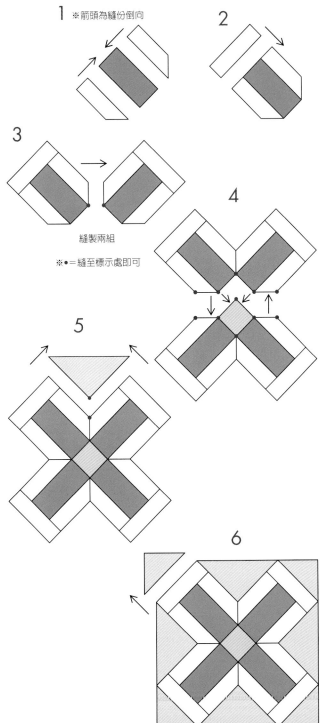

1 ※箭頭為縫份倒向

2

3

縫製兩組

※●＝縫至標示處即可

4

5

6

80 千鳥與十字
zigzag and cross

以大尺寸滿滿地放進千鳥狀框架內。為使中間的十字與周圍的千鳥更加突顯，底布請選擇接近無顏色的格紋布。使用在P100的二手包包。

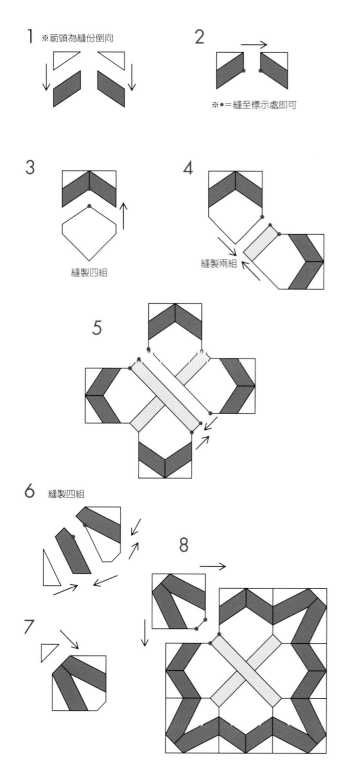

1 ※箭頭為縫份倒向

2

※●＝縫至標示處即可

3

縫製四組

4

縫製兩組

5

6 縫製四組

7

8

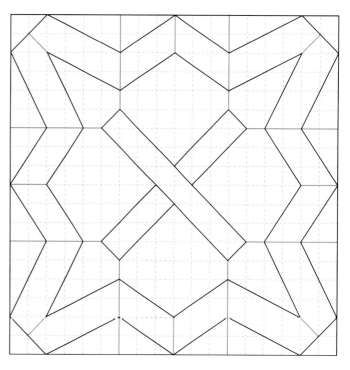

j 二手包包

使用很有風味的燈芯絨來滾細邊，變身為便於時髦搭配的橫長造型包包。為了不讓圓弧狀底部與袋口小拉布遮住圖案，三塊圖案上下錯開的配置。用布包起的母子釦將小拉布釦在包包固定處。

使用圖案 80（P99）
製作方法見P206

81 人行天橋
footbridge

將圖案的天地、左右橫切的大十字。從直條紋花樣剪裁的布塊,讓圖案背後看起來像還有一個十字。善加運用花樣的方向性就能發揮不錯的效果。

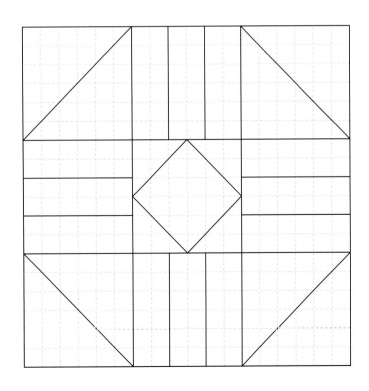

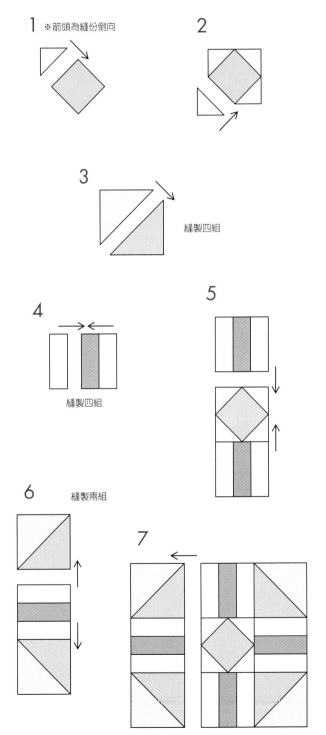

1 ※箭頭為縫份倒向

2

3 縫製四組

4 縫製四組

5

6 縫製兩組

7

82 雙十字
double cross

在大十字上重疊著細十字，是個有深度的圖案。使用褐色直條紋是重點。縫接幾個相同的圖案，線條也會跟著延伸出去，與單獨圖案有著不同的氣氛。

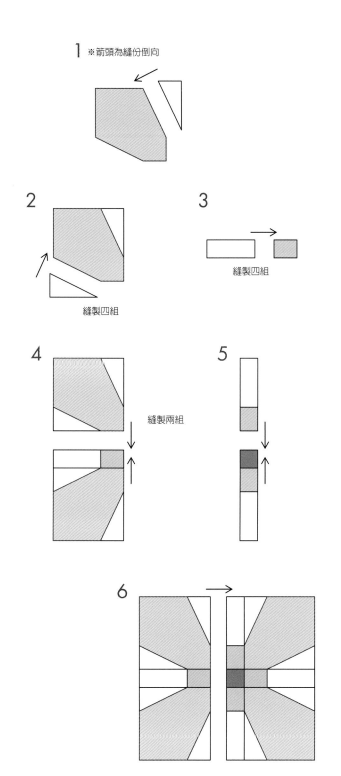

1 ※箭頭為縫份倒向

2 縫製四組

3 縫製四組

4 縫製兩組

5

6

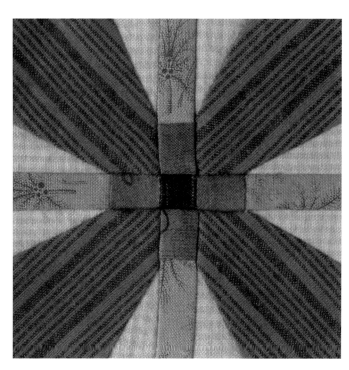

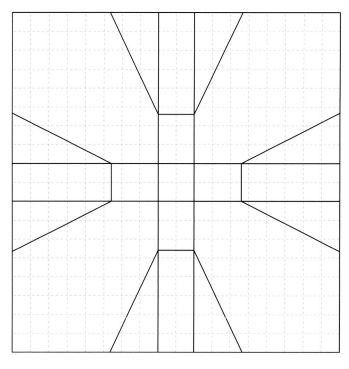

cross 103

83 大十字
big cross

粗、細十字交叉重疊，稍微有點複雜的圖案，因分割很多，所以縫製時有些難度。中間正方形的貼布縫也可改成圓形，又或者不以貼布縫製作也可以。

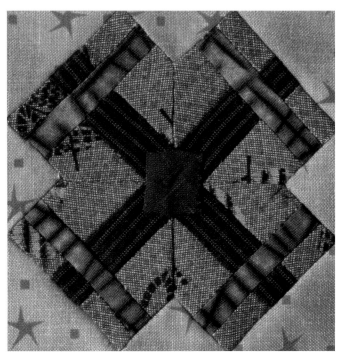

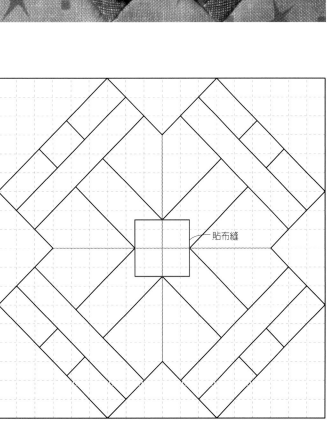

貼布縫

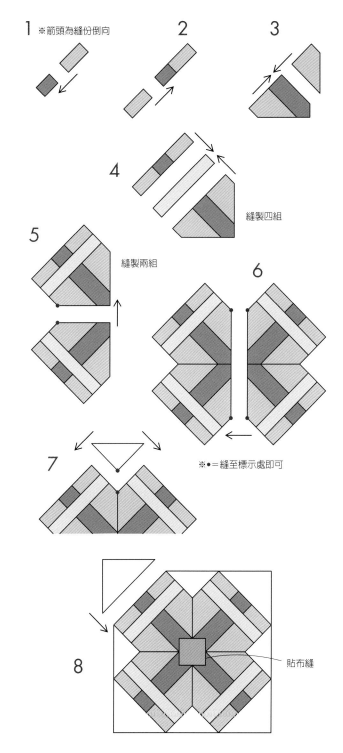

1　※箭頭為縫份倒向

2

3

4　縫製四組

5　縫製兩組

6

※●＝縫至標示處即可

7

8　貼布縫

84 又遠又近
far and near

大十字後面宛如有正方形，能夠感受到景深的設計。而且，即使是選擇底布的方法也能強調出遠近感。這裡選擇有深淺漸層的染紗格紋布料。

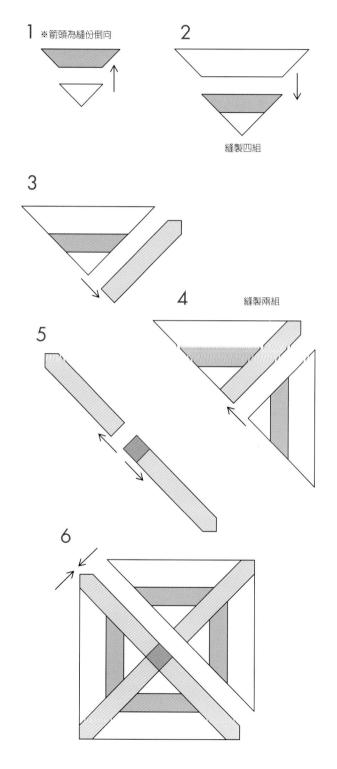

※箭頭為縫份倒向

1

2

縫製四組

3

4 縫製兩組

5

6

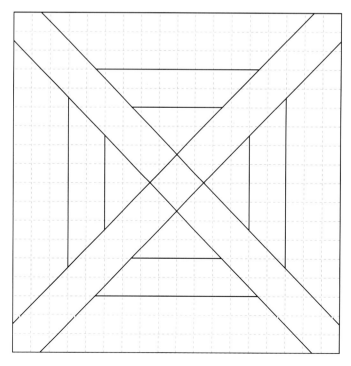

85 格子窗
lattice window

規規矩矩排列的格子設計。四個角落的小三角形成為裝飾。
而三角形與正方形框邊最好選擇能讓作品有整體感的顏色。
是個將直線條橫擺也不錯的圖案。

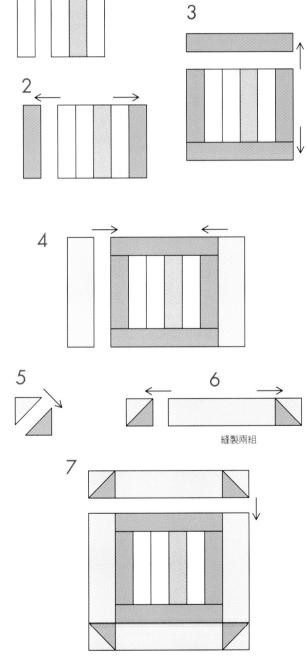

1 ※箭頭為縫份倒向

2

3

4

5

6

縫製兩組

7

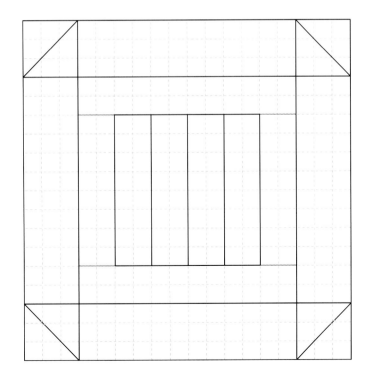

86 鑲嵌木工藝
parquetry

相同寬度的長方形與正方形組合，做出有鑲嵌木工風格的作品。把四個主題拼接起來，就像是一個環狀。相對的兩個主題使用相同的布料，效果應該也不錯

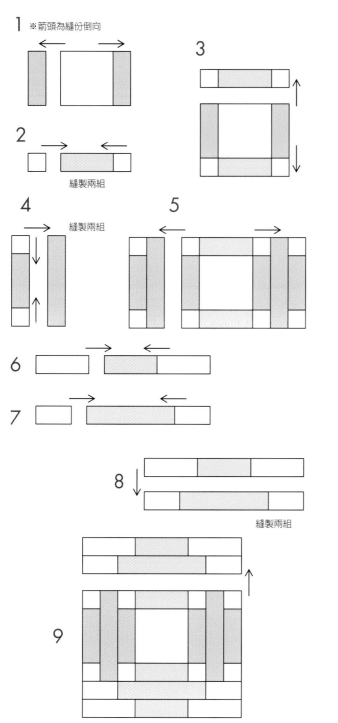

1 ※箭頭為縫份倒向

2

3

4　縫製兩組

5

縫製兩組

6

7

8

縫製兩組

9

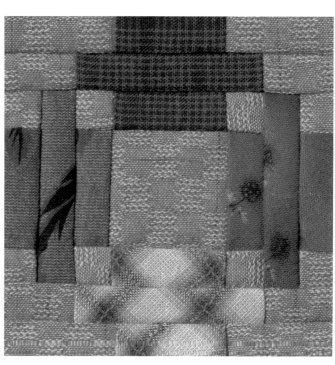

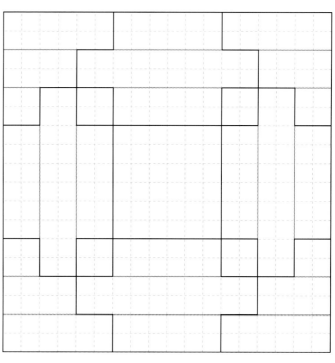

87 / 彎道
meandering

由七種正方形與長方形布塊所構成。如果將幾塊相同圖案拼縫在一起，請嘗試每隔一塊就傾斜90度的配置，效果不錯唷。周邊剪得有些弧度，使用於P180的包包。

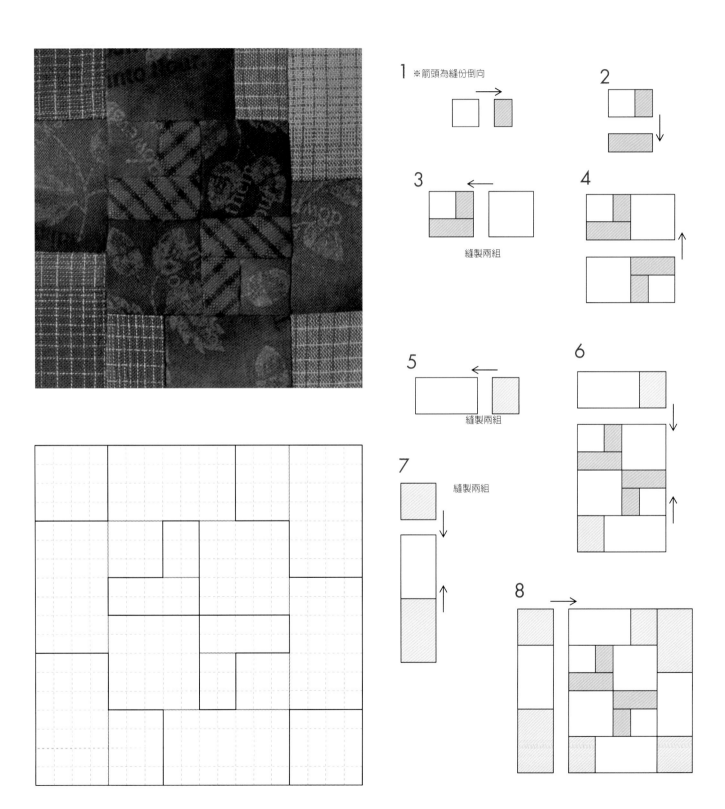

1 ※箭頭為縫份倒向

2

3 縫製兩組

4

5 縫製兩組

6

7 縫製兩組

8

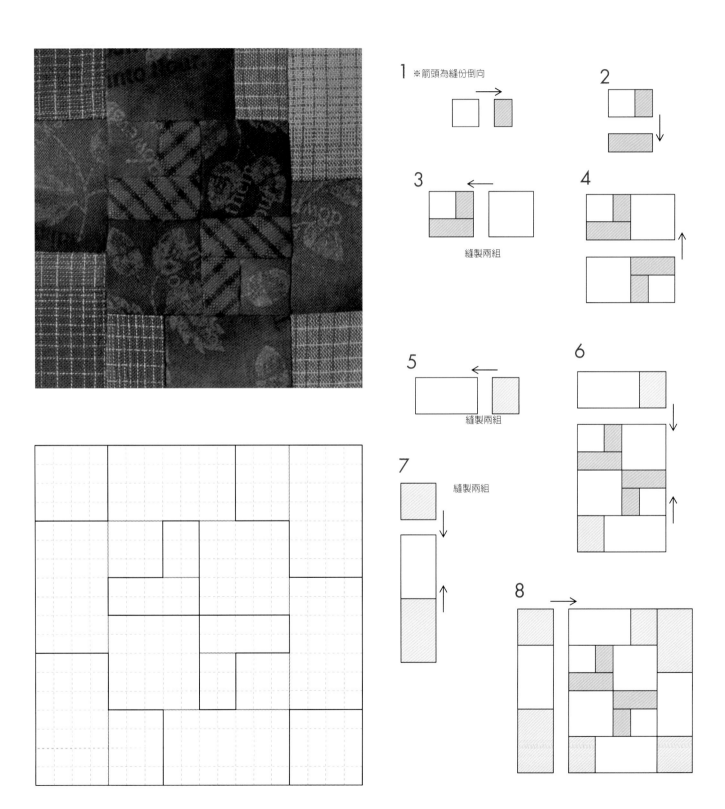

戲法
trick

架構很單純，但根據布料使用方法的不同，就能製作出如迷宮般的圖案。將配色布料及底布以引號形狀交錯排列為重點。中間的正方形請選擇風味感十足的布塊。

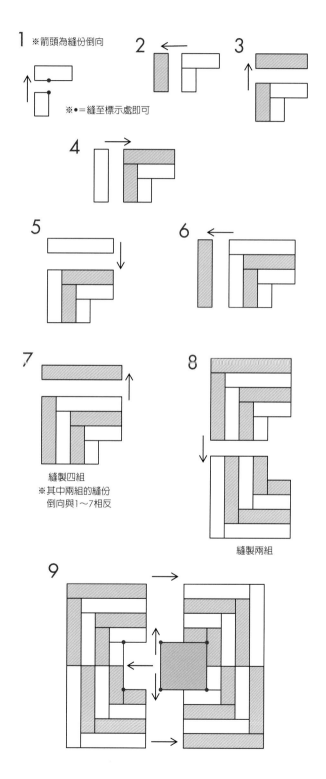

1 ※箭頭為縫份倒向

※●=縫至標示處即可

2

3

4

5

6

7

縫製四組
※其中兩組的縫份
倒向與1～7相反

8

縫製兩組

9

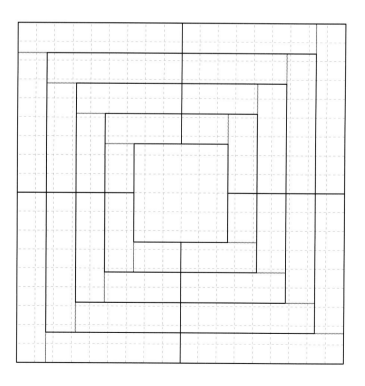

89 巧克力棒
chocolate bar

雖然是簡單、毫不作做的設計，隨著不同配色能享受許多樂趣的圖案。唯有這麼簡單的圖案，才能在布料選擇上盡情地玩樂。使用在P112的包包作品。

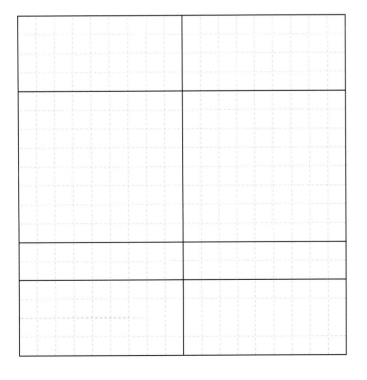

1 ※箭頭為縫份倒向

2

3

縫製兩組
※其中一組的縫份
　倒向相反

4

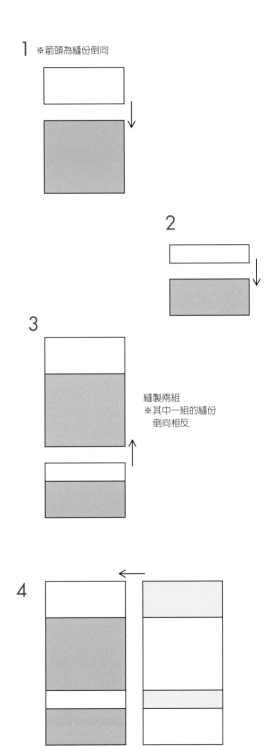

 柴薪
firewood

用寬度較窄的布塊所做的四個區域組合而成。在區域中，三個並排在一起的1公分寬的布塊中，以中間布塊為重點來選色，兩側則選能突顯中間顏色的淺色系布料。使用在P113的包包。

1 ※箭頭為縫份倒向

2

3

4
縫製四組

5 縫製兩組

6

※放大200%使用

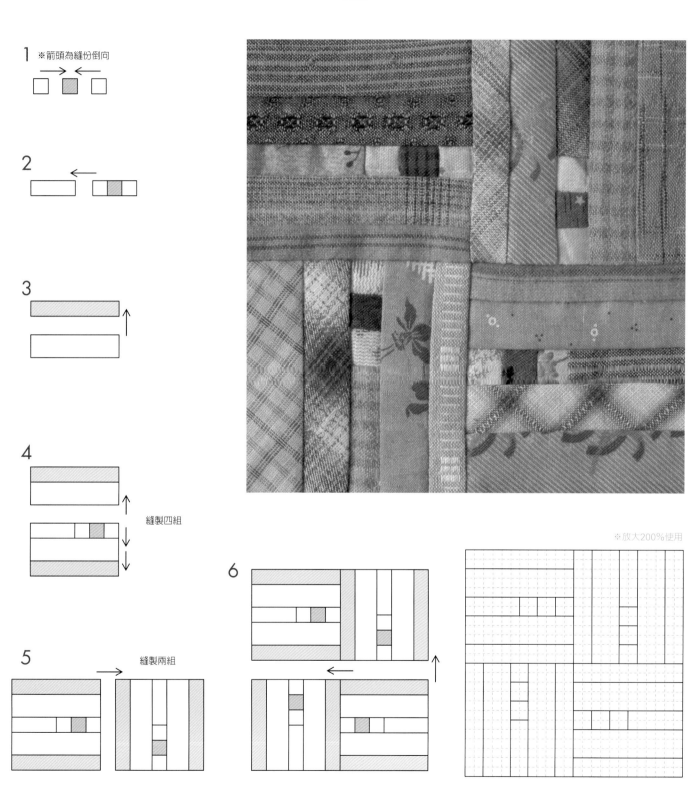

k 包包

前口袋的圖案是用六塊P89圖案所拼縫而成,但看得出來接縫線嗎?上段除了一列為橫向排列外,其他皆用圖案所拼接起來的。像這樣圖案只縫接到一半,或是圖案間的界線模糊的作法也很有趣。

使用圖案 89（P110）
製作方法見P208

1 包包

縱長籃子形狀的包包也很適合擺放酒瓶。準
備好許多裁成細長條的布塊，然後像碎布拼
貼般自由組合縫接吧。在裡布貼上紙襯做成
圓底，完成的作品就會很堅固。

使用圖案 9、10（P111）
製作方法見P210

91 西洋棋盤
chessboard

將1公分寬的正方形並排縫接起來，周邊再圍繞著兩層。小布塊如果全部選擇不同的布料來製作的話，應該會很有意思。圍繞在周邊的最外層若選擇深色的布料，就可做出框架風格的作品，而如果是相反配色，內層使用深色的布料，效果應該也不錯。

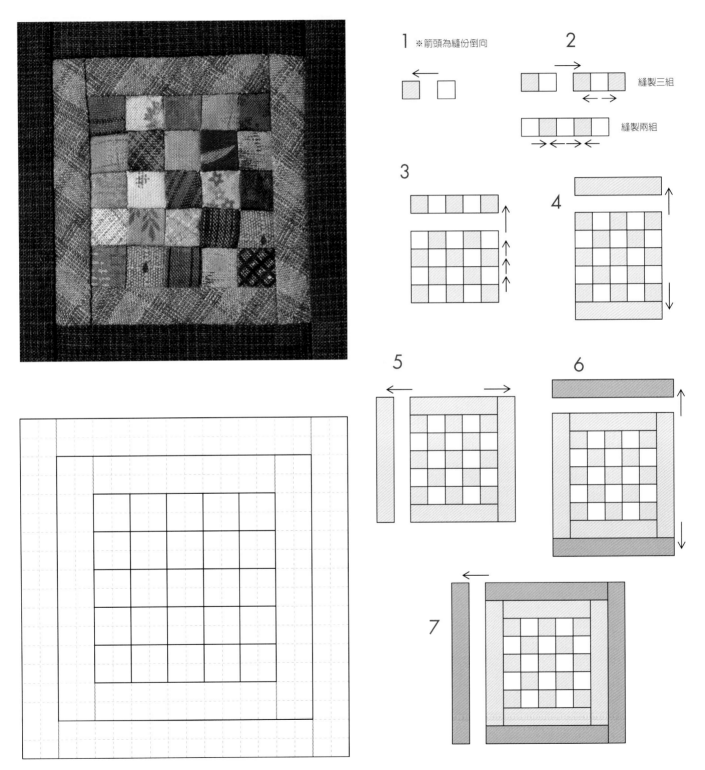

1 ※箭頭為縫份倒向

2 縫製三組

縫製兩組

3

4

5

6

7

92 四角太妃糖
square caramel

十字形與小正方形的組合。因為是周圍留下空白的設計，所以主題就像漂浮在正中央似的。周圍剪裁得有點弧度，使用於P180的包包作品。

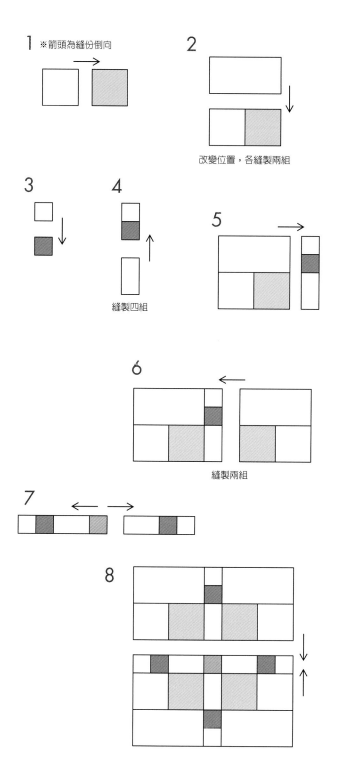

1 ※箭頭為縫份倒向

2

改變位置，各縫製兩組

3

4

縫製四組

5

6

縫製兩組

7

8

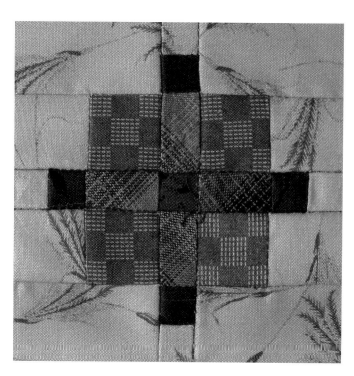

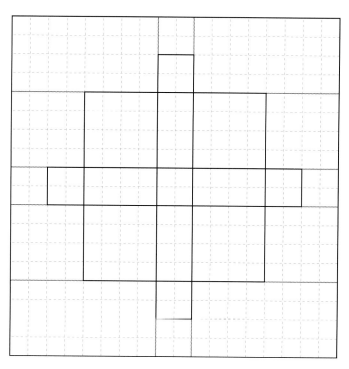

93 四方之眼
square eyes

在這個圖案上下各延伸出去的兩條直線，讓整體形狀變得更有趣，所以如果要同時使用好幾塊圖案時，比起縱向直線，更建議使用橫向直線。請嘗試在中間縫接上其他布塊，朝橫向排列看看。

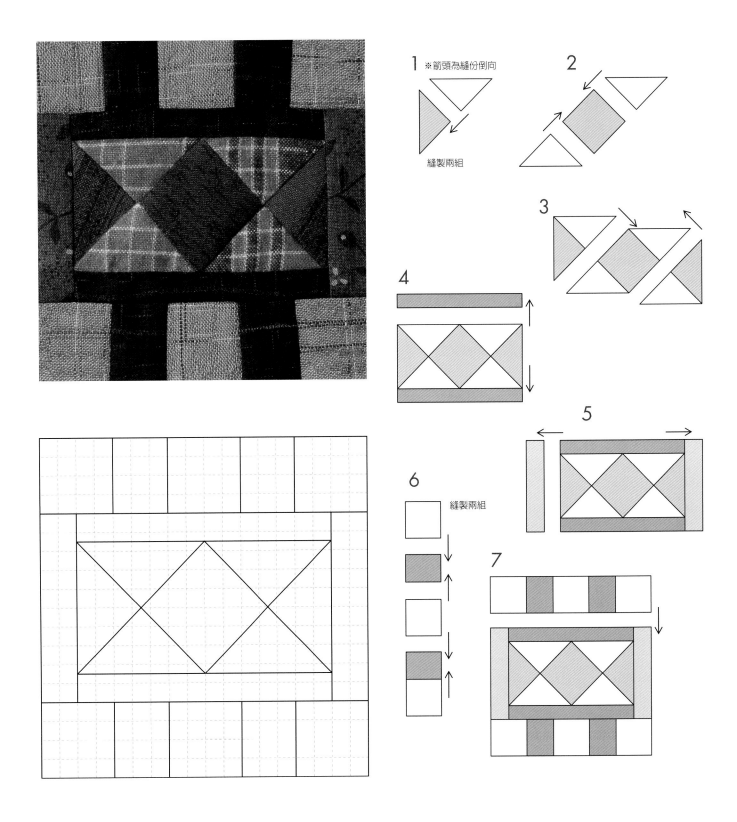

※箭頭為縫份倒向

縫製兩組

縫製兩組

94 皇冠與四角形
crown and four patch

有如被賜與小皇冠的圖案。若連接旁邊四角般，請橫向排列相同的布塊，效果應該會更明顯。將傾斜90度的布塊縱向縫接起來應該也很不錯。

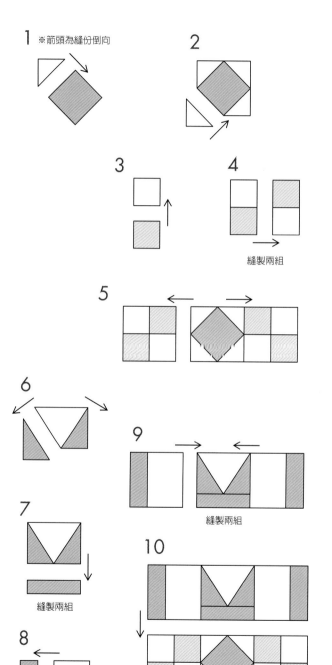

1 ※箭頭為縫份倒向

2

3

4

縫製兩組

5

6

7

縫製兩組

8

縫製四組

9

縫製兩組

10

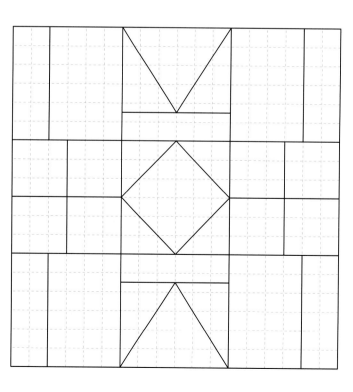

95 矩形
rectangle

以中央的長方形為重點主題，而不是正方形。有點不平衡，就是一個很有趣的圖案。紙型數量雖然增加，但嘗試把傳統圖案稍微變化就會很有趣。

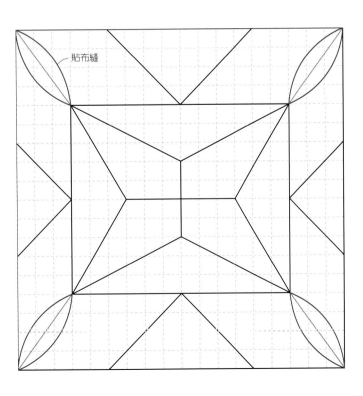

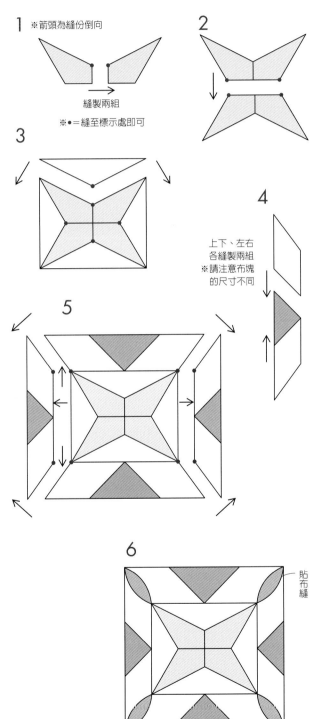

小水晶
little amethyst

從周圍往中央延伸的深色長方形，不與中央的水晶主題直接連接起來的設計。中間縫接上底布的布塊，讓各自的主題形狀能更鮮明。

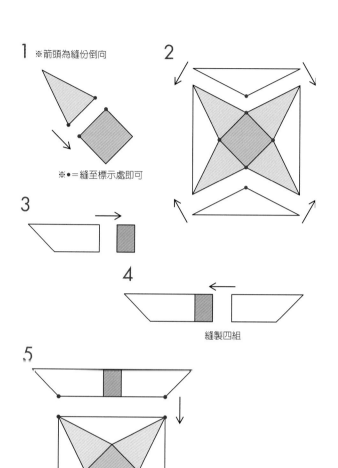

1 ※箭頭為縫份倒向

※●=縫至標示處即可

3

4

縫製四組

5

6

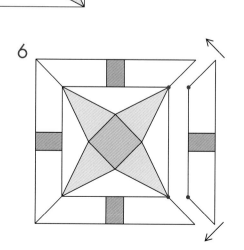

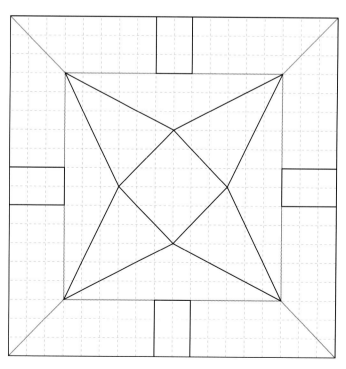

97 釘釘子
driving in pegs

有如從木框四角把釘子釘進去的設計。四種主題布選擇與底布成對比，並且顏色相似的，作品就不會感到單調。

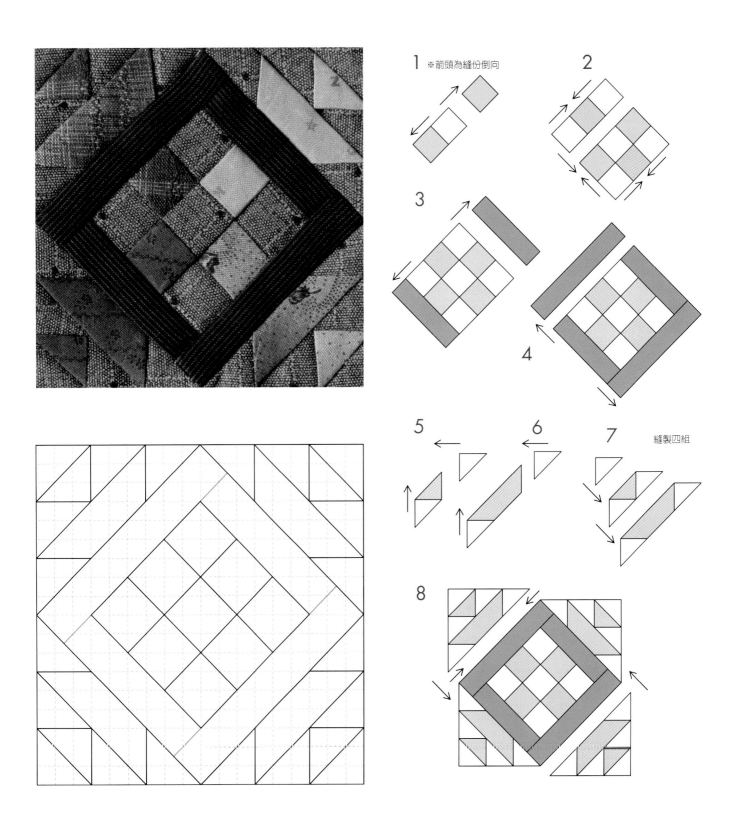

98 浮動四方形
floating square

以四處漂浮著小正方形為設計概念。如果是縫接好幾塊相同圖案時，請參照P122的包包，選擇與底布相同格紋的布塊來縫接較好。中央的布塊請選用能成為點綴色的布料。

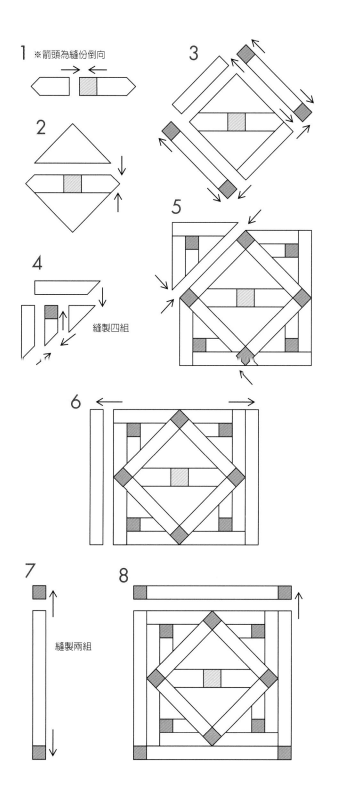

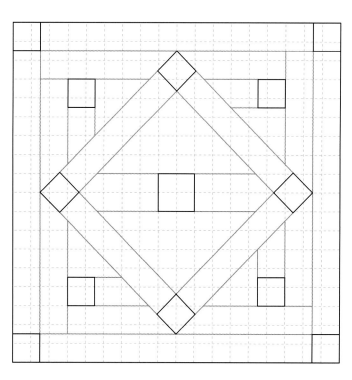

ⓜ 包包

將提把做得較短，有如公事包的造型。以黑色系底布中有著小正方形的設計概念。包包襯布跟袋口滾邊同樣選用暗色系。

使用圖案 98（P121）
製作方法見P212

99 小楔形
small wedge

以四種紙型構成的圖案，就像在正方形框架上方擺放著楔形主題的設計。使用直條紋花樣來呈現框架。與從大花紋布剪裁的布塊一起使用，就能產生不同的變化。

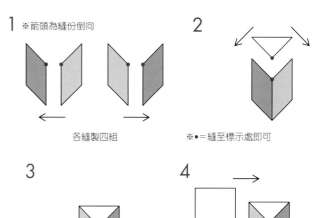

1 ※箭頭為縫份倒向

各縫製四組

2

※●=縫至標示處即可

3

4

縫製四組

5

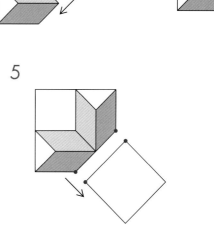

6

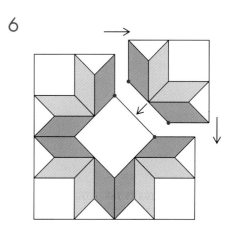

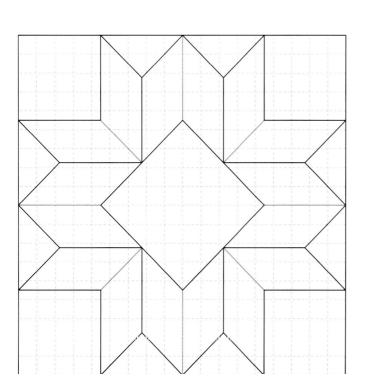

100 三角形集合
collect triangles

以三種三角形紙型做出的樸素圖案，在縫接線繡上刺繡會更完美。中央下方的兩個小三角形選擇深色布料的話，讓作品更具安定感。即使全體傾斜45度後使用也很有趣。

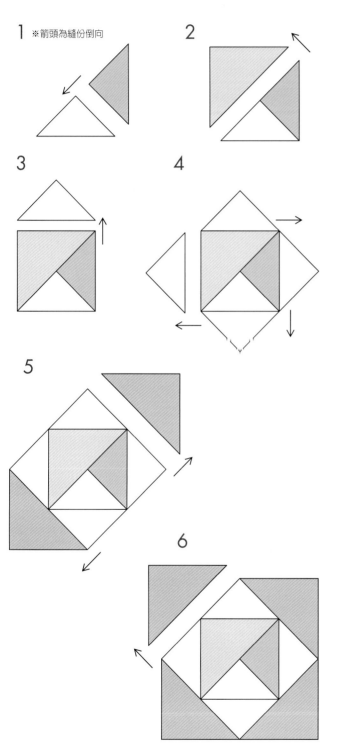

1 ※箭頭為縫份倒向

2

3

4

5

6

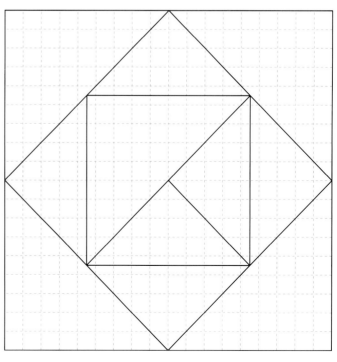

101 箱內的鑽石
diamond in a box

使用於P38盒子的圖案。圖中的菱形以縱向擺放也OK。考慮作品及全體的氣氛來決定圖案的配置。最外側三角形的下面兩塊請選用深色布料,讓作品看起來更沉穩。

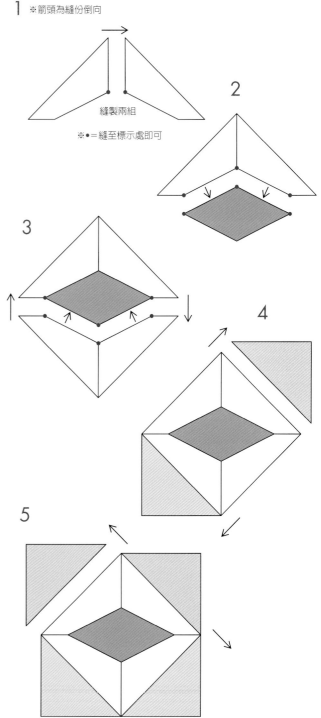

1 ※箭頭為縫份倒向

縫製兩組

※●=縫至標示處即可

2

3

4

5

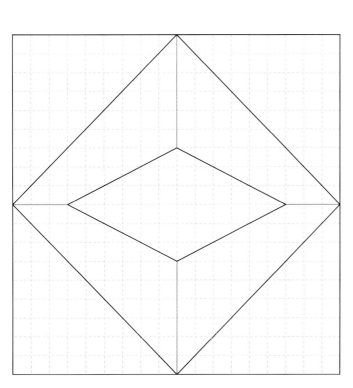

102 四角窗
square window

窗內的分隔線可以是橫線或縱線，將圖案本身像鑽石般來配置，窗內線條就會有點傾斜。看起來簡單，但使用方法卻千變萬化的圖案。

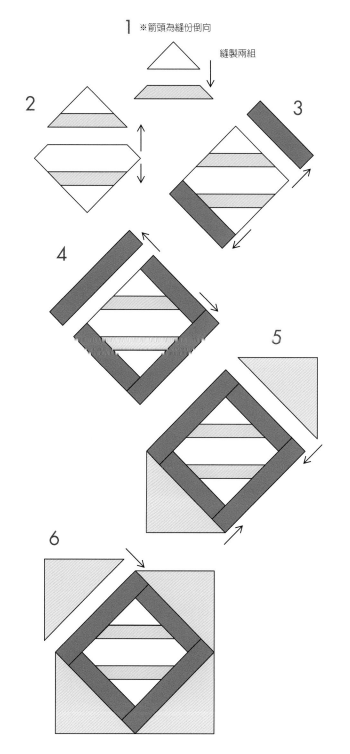

1 ※箭頭為縫份倒向

縫製兩組

2

3

4

5

6

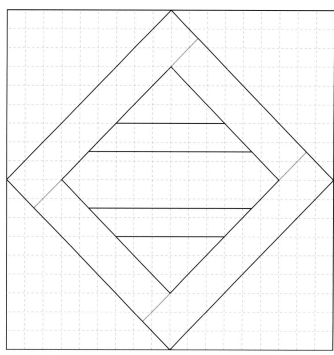

103 大手拉小手
shake hands

縫接好幾個圖案時，能看見連接的細長條布塊的設計。縱、橫、縱、橫……相互交錯成90度的排列變化，非常有趣。

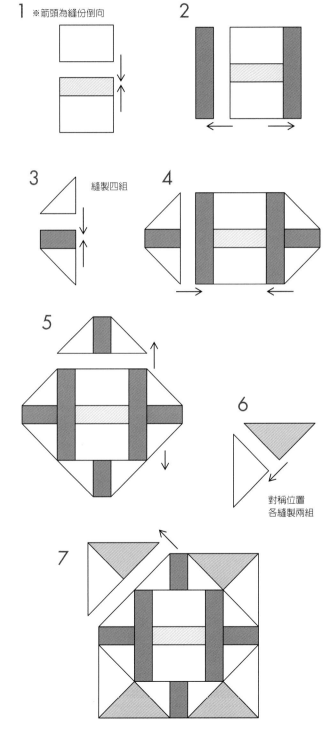

1 ※箭頭為縫份倒向

2

3 縫製四組

4

5

6 對稱位置
各縫製兩組

7

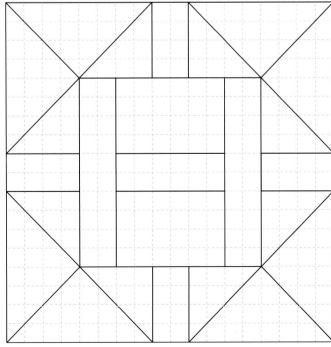

104 死結
square knot

在細十字上雙層重疊四方形的設計。也可單單使用中央的部分，但在外層多繞一圈，並在四個角落安排能讓作品更沉穩的小四方形。使用於三角形的細條紋布料要特別注意紋路的方向。

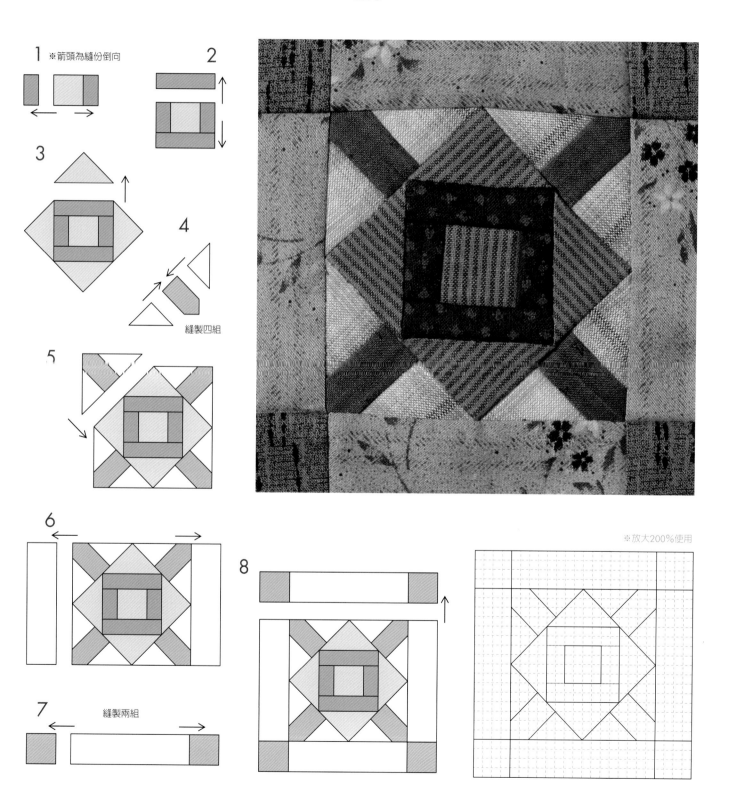

1 ※箭頭為縫份倒向

2

3

4 縫製四組

5

6

7 縫製兩組

8

※放大200%使用

105 在楷梯上
up the stairs

這是一開始，就重複縫接數塊相同布塊的靈感而設計出來的圖案。排列時，四個角落的聚集部分也會有圖樣出現。使用於P132的包包。

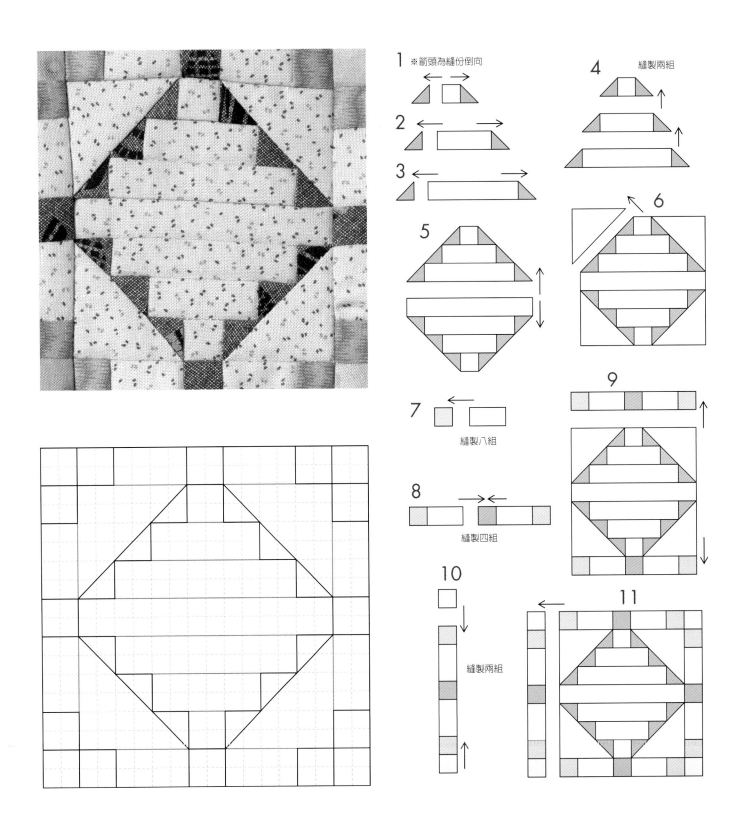

1 ※箭頭為縫份倒向

2

3

4 縫製兩組

5

6

7 縫製八組

8 縫製四組

9

10 縫製兩組

11

106 小瓷磚
small tie

將四個蝴蝶領結圖案排列在一起，配色時嘗試讓中央的四角形顏色突顯出來。格子與條紋搭配使用，營造樸素且可愛的風味。使用於P133的包包。

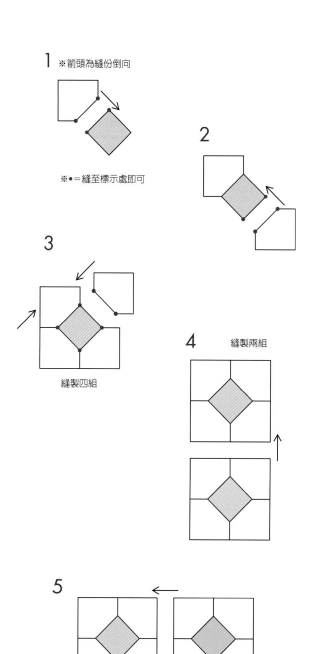

1 ※箭頭為縫份倒向

※●＝縫至標示處即可

2

3

縫製四組

4 縫製兩組

5

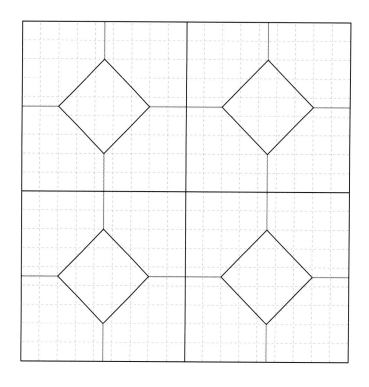

ⓝ 包包

這個包包使用P105的圖案，把相同的圖案
上下、左右縫接在一起，產生出樂趣的作
品。四個圖案排列在一起，就能看出中間
的菱形主題。請與P130單獨使用圖案的作
品比較。

使用圖案 105（P130）
製作方法見P211

O 包包

宛如三角錐造型的單手包包，底部呈水滴狀。圖案鑲嵌著正方形圖樣，並裝上骰子形狀的拉鍊墜飾。是個能充分享受形狀所帶來樂趣的包包。

使用圖案 **106**（P131）
製作方法見P214

133

107 新星
nova

活用深、淺色的對比，嘗試做出千變萬化的傳統星星的配色。越是簡單的圖案，依使用布料的不同，表情也會大不相同，非常有趣。

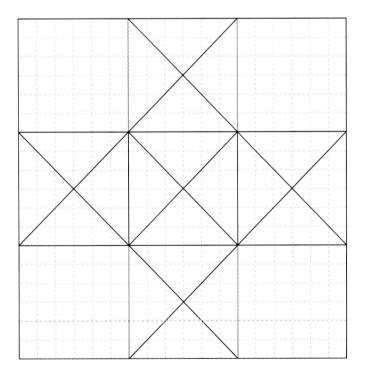

1 ※箭頭為縫份倒向

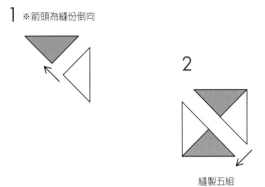

縫製五組

2

3

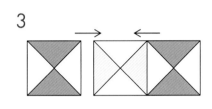

4

縫製兩組

5

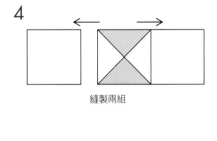

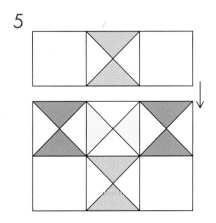

108 樹蔭
shade of a tree

隨著參差不齊的小三角形兩側安排「鋸齒」的設計。中間縫上黑色布條，讓深、淺綠色的配色更具體。

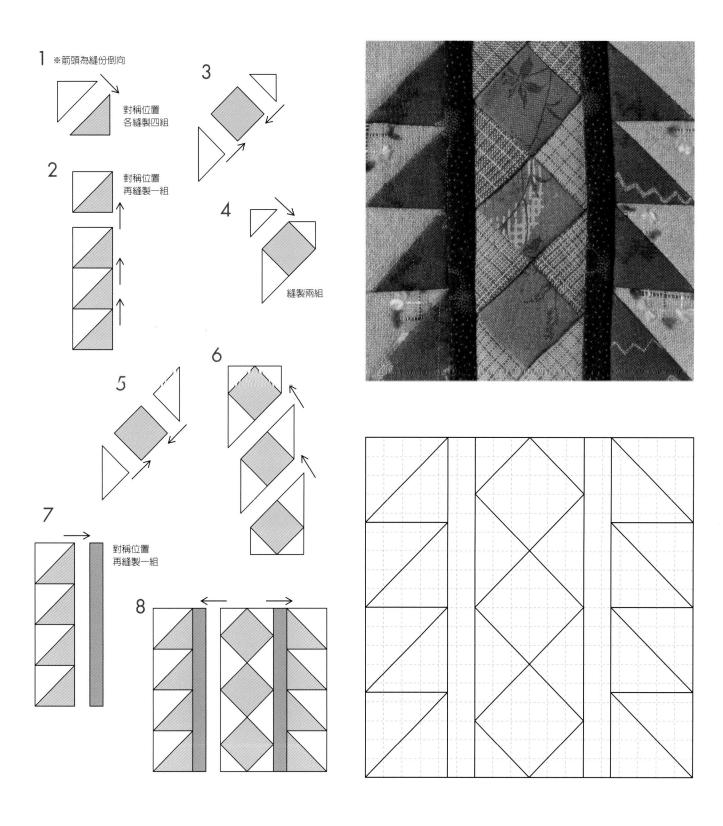

1 ※箭頭為縫份倒向

對稱位置
各縫製四組

2 對稱位置
再縫製一組

3

4 縫製兩組

5

6

7 對稱位置
再縫製一組

8

109 繩結
knot

正中央如有點傾斜蝴蝶結的布塊，請選用能成為整體重點的布料。相同圖案只要改變角度，即使只是好幾塊縫接在一起也會很有趣。

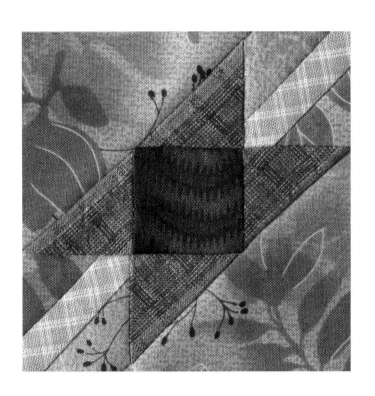

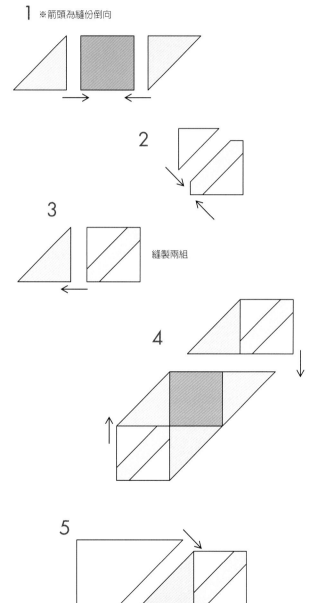

1 ※箭頭為縫份倒向

2

3

縫製兩組

4

5

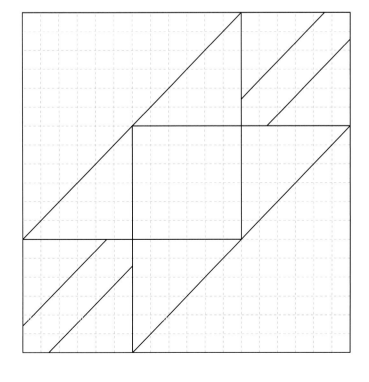

110 人造衛星
satellite

與圖案109的氣氛相像，主題略微傾斜的設計。中間的正方形分割成四個三角形，請使用同色系的布塊來統一。即使跟周圍布塊呈對比配色也可做出許多變化。

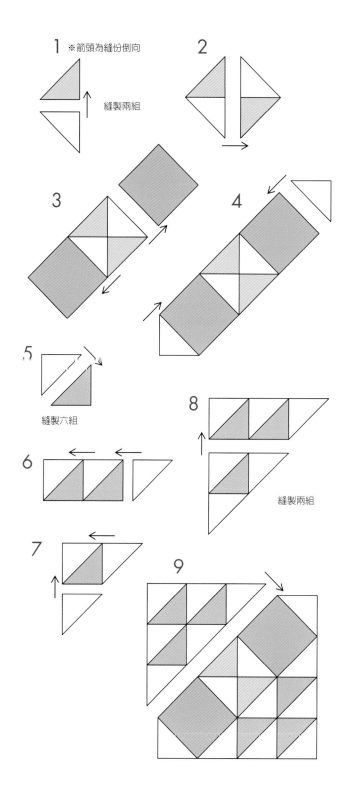

1 ※箭頭為縫份倒向

縫製兩組

2

3

4

5

縫製六組

6

7

8

縫製兩組

9

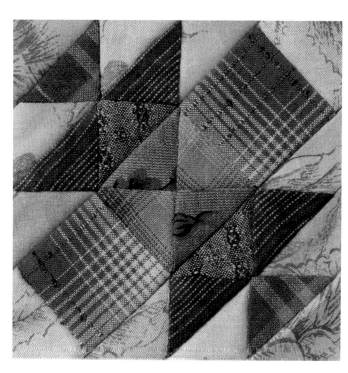

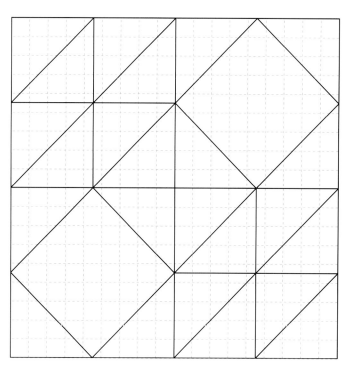

111 鋸狀籃子
saw basket

把傳統圖案稍微做點變化。雖然只是將小三角形縫接起來，但最下面的布塊使用和底布相同的布料，整體平衡又會有所不同，應該會多些新鮮感吧！

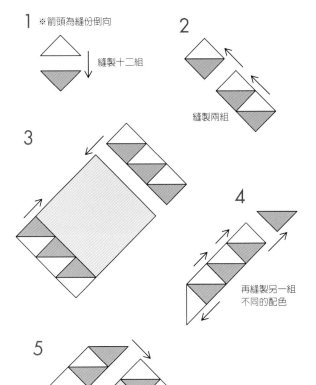

1 ※箭頭為縫份倒向

↓ 縫製十二組

2 縫製兩組

3

4 再縫製另一組不同的配色

5

6

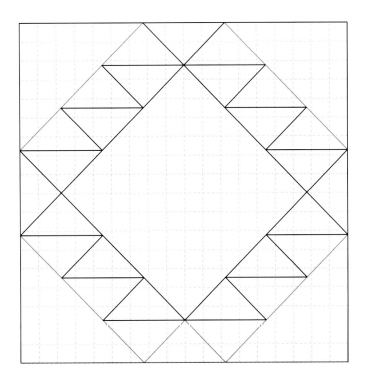

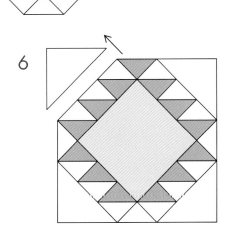

112 簡單選擇
simple choice

在四個角落貼縫三角形，讓作品更有變化的圖案。在此圖案，上下正方形選擇和底布顏色相近的駝色，但四個貼縫布塊的顏色若醒目一些，應該會更有趣。

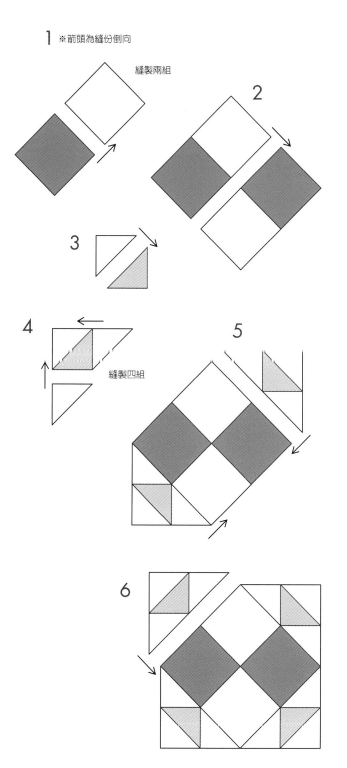

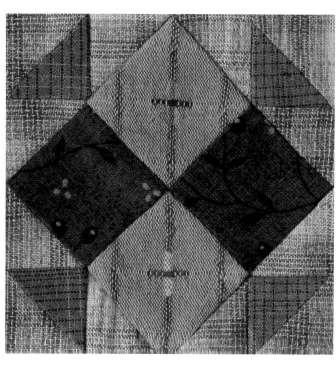

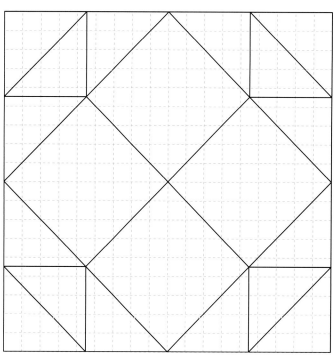

113 菱形
rhombus

在正方形中間配置菱形，左右就會留下空白。這個部分是否平衡是非常重要的。將菱形橫放的話，作品又會呈現出不同的風格。

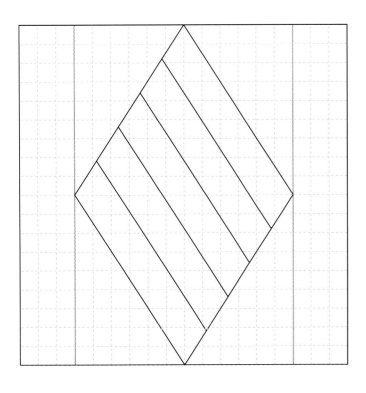

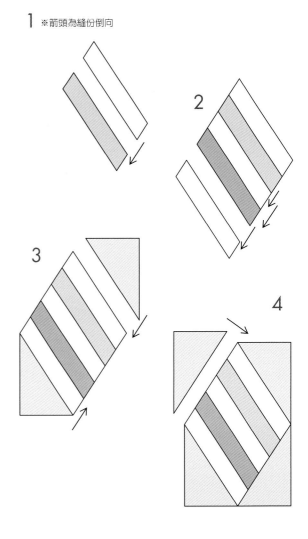

1 ※箭頭為縫份倒向

2

3

4

5

114 紡錘
spindle

如滾線線軸般的菱形，可與其他圖案或是視整體感覺來安排。傾斜分割的圖案下半部（左下）可選擇顏色較深的，讓整體看起來更沉穩。

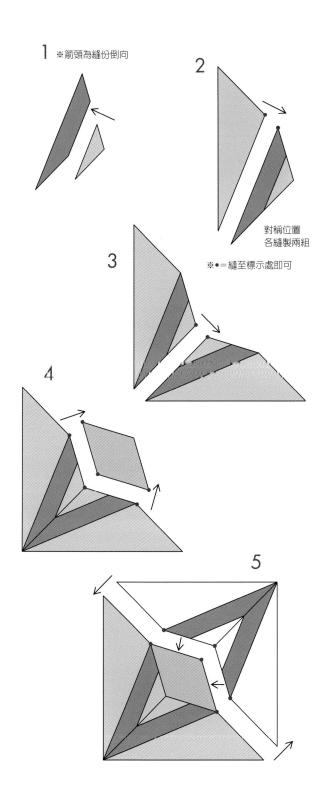

1 ※箭頭為縫份倒向

2

對稱位置
各縫製兩組

※●=縫至標示處即可

3

4

5

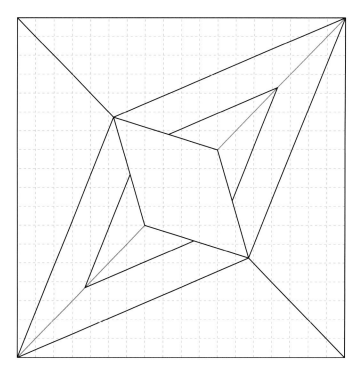

115 三角形
triangles

將三角形稍微做點變化，從三角形中間分割的設計。左右的三角形請選擇「類似但不相同的布料」，應該會更加有整體感。因很簡單所以很容易與其他圖案搭配使用。

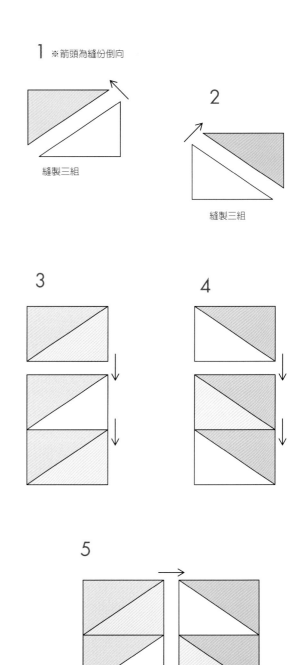

1 ※箭頭為縫份倒向

縫製三組

2

縫製三組

3

4

5

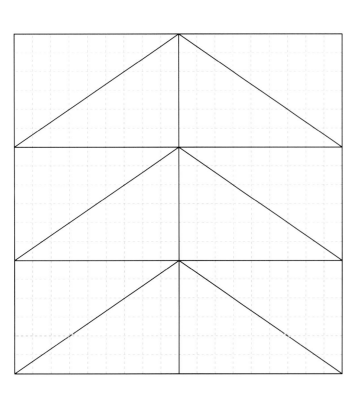

116 金字塔
pyramid

好像將完成的區域堆疊上去，使用布塊縫接而成的金字塔。成為金字塔外圍的小三角形請使用深色布料，讓由好幾塊布塊組合而成的區域能更醒目。

1 ※箭頭為縫份倒向

2

3

4

5

6

縫製兩組

7

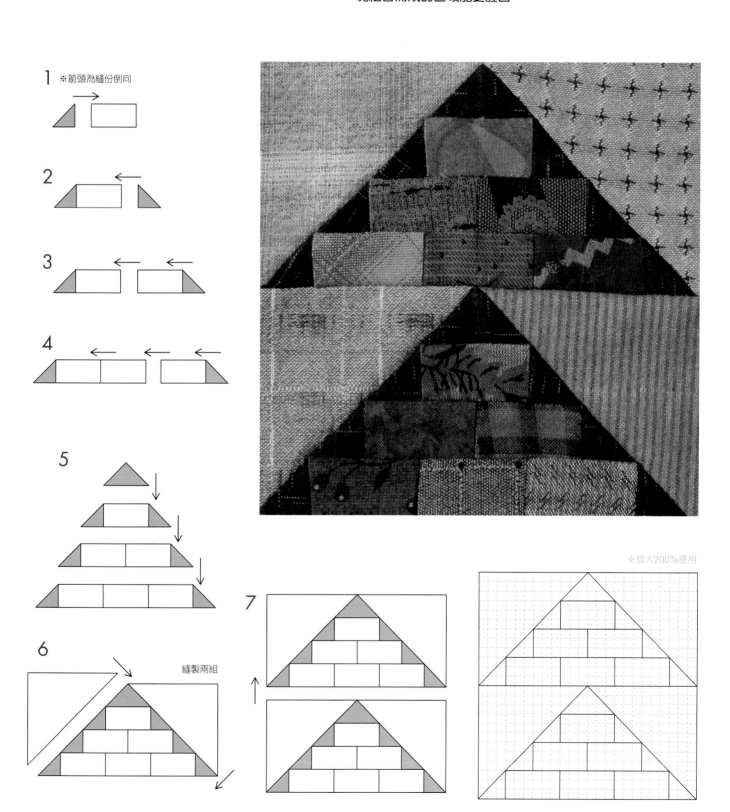

※放大200%使用

117 嬰兒王冠
baby crown

縫接八塊小三角形做成環狀的王冠。因中央的部分想做出中空的感覺，所以只使用兩種布料來製作。簡單之處也是魅力的所在。

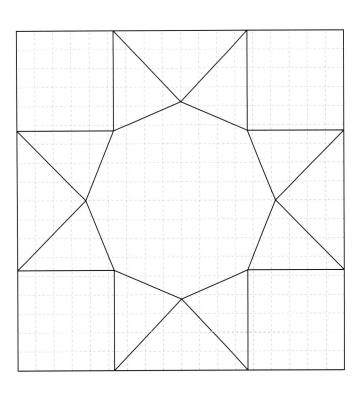

縫製四組

※●=縫至標示處即可

2

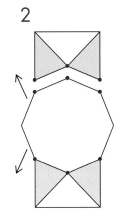

3

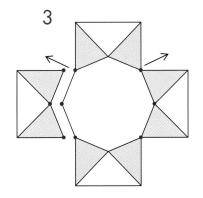

4

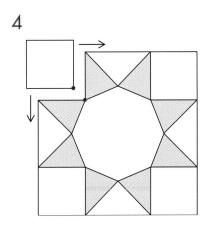

118 雛菊
daisy

用小片拼縫做出圓雛菊。這裡使用黑色及橄欖色，但外側正方形使用綠色系的話，看起來就像葉片，使花朵圖案更生動。這個時候，中間八片花瓣請使用不同顏色。

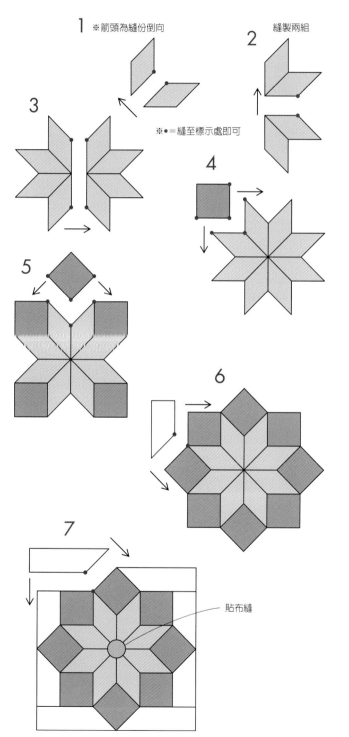

1 ※箭頭為縫份倒向

2 縫製兩組

※●=縫至標示處即可

3

4

5

6

7

貼布縫

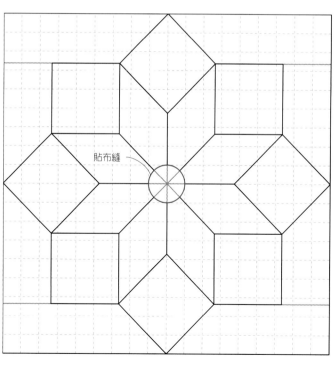

貼布縫

119 四片花瓣
four petals

中間花瓣的布塊要和基底部分呈對比色，讓花朵開得更可愛。最外側的小三角形具有讓基底的鋸齒輪廓更突顯的作用。請選擇讓作品有統一感的顏色。

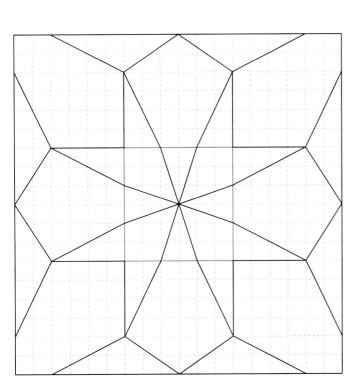

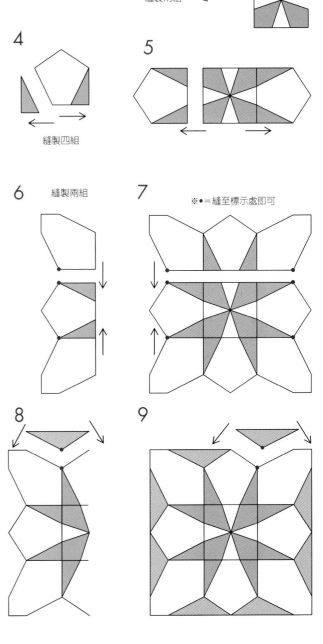

120 矢車菊
cornflower

有如矢車菊細長鋸齒狀的花瓣，是剪裁成細長的布塊組合而成。看起來也像閃耀的星星與勳章。相同的區域縫製四組，再與底布布塊縫接起來。中間是以貼布縫來製作。

1 ※箭頭為縫份倒向

2

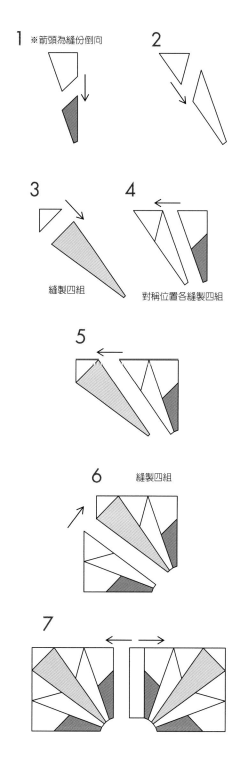

3

縫製四組

4

對稱位置各縫製四組

5

6 縫製四組

7

8 貼布縫

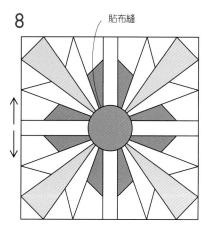

※放大200%使用

貼布縫

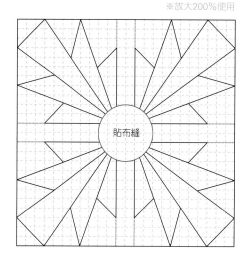

121 令人眼花撩亂的星星
dazzling star

縫接呈銳角且細長的布塊，表現出星星閃爍的模樣。使用六種布料。以時髦的配色做出閃耀的星星……這是拼布手工藝才能體會的樂趣。

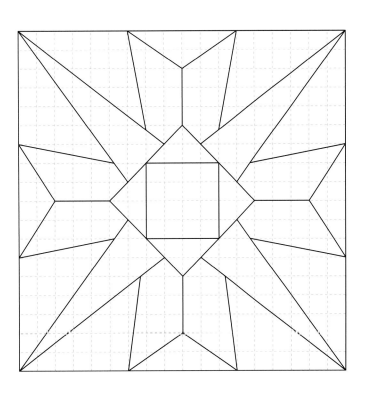

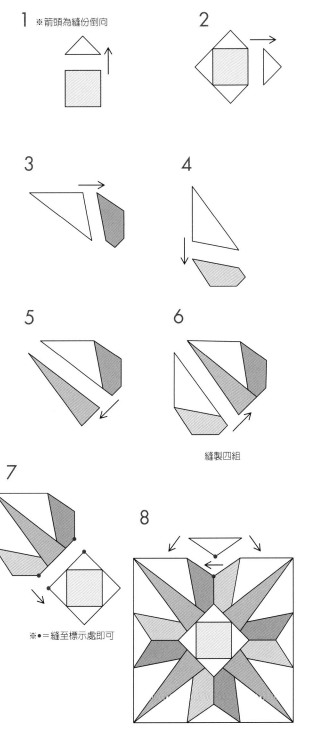

1 ※箭頭為縫份倒向

2

3

4

5

6

縫製四組

7

8

※●=縫至標示處即可

122 十字星
star cross

由五個正方形組合而成的十字，再添加上三角形與菱形變化成星星風。雖使用五種布料，但因以深、淺褐色與綠色系來統一，所以整體感覺是很沉穩的。

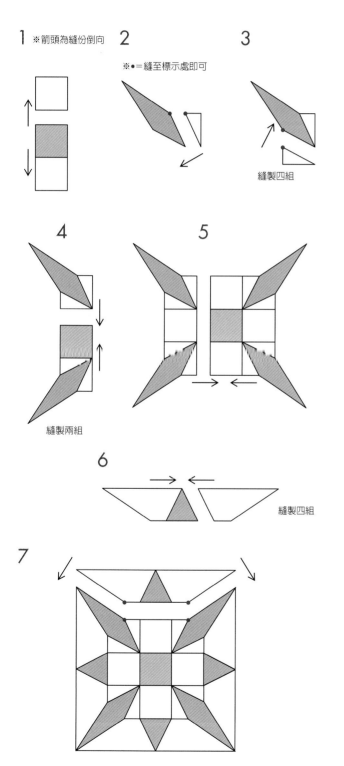

1 ※箭頭為縫份倒向

2 ※●=縫至標示處即可

3 縫製四組

4 縫製兩組

5

6 縫製四組

7

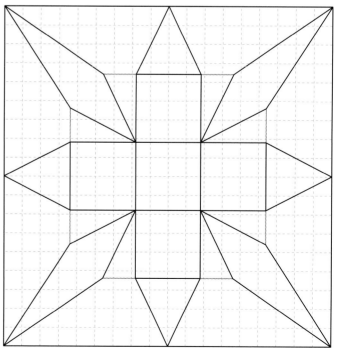

123 閃耀的星辰
shining star

點綴著短而寬的十字形星星。背景的駝色系布塊不是完整放入，而是像在圖案邊緣被裁剪掉的樣子。因為這樣，星星才會有毫無顧忌伸展的感覺。

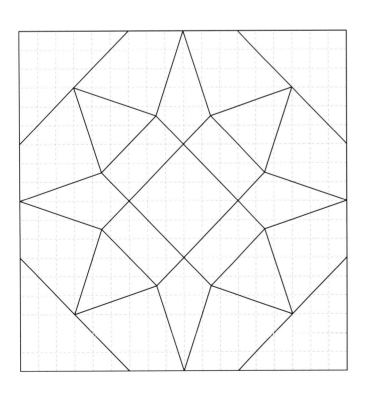

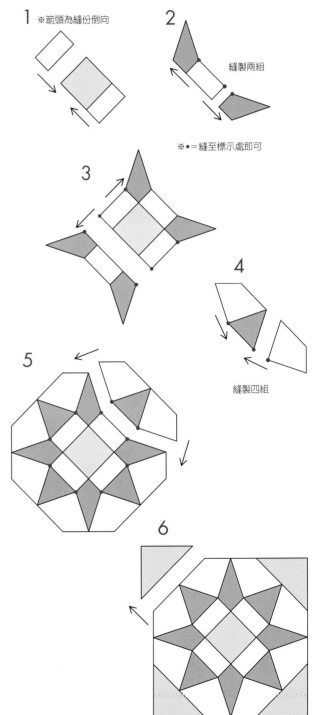

124 遠方的星
far-off star

只使用時髦顏色的圖案，就像在遙遠他方靜靜地閃耀著光芒的星星。剪裁細條紋花樣與格紋布料時，請注意小布塊花紋的方向性。縫接布塊時要特別注意。

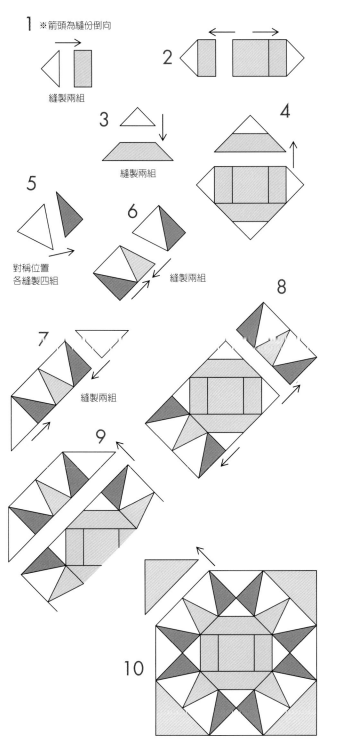

1 ※箭頭為縫份倒向

縫製兩組

2

3 縫製兩組

4

5 對稱位置各縫製四組

6 縫製兩組

7 縫製兩組

8

9

10

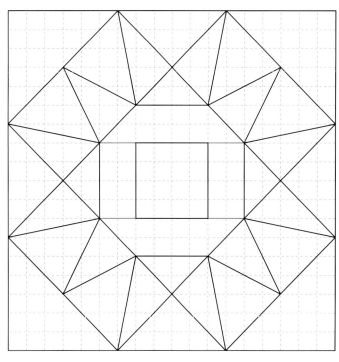

125 星星糖
confeitos

星星與四角形的組合，看起來很簡單的圖案，但構成星星尖角部分的並不是三角形而是變形五角形。主題的整體輪廓較不銳利。

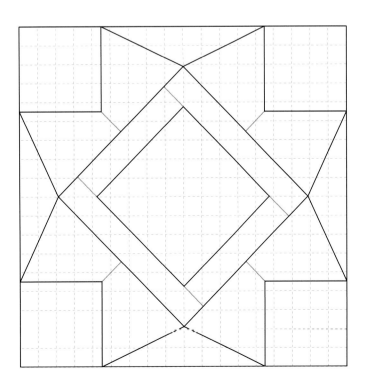

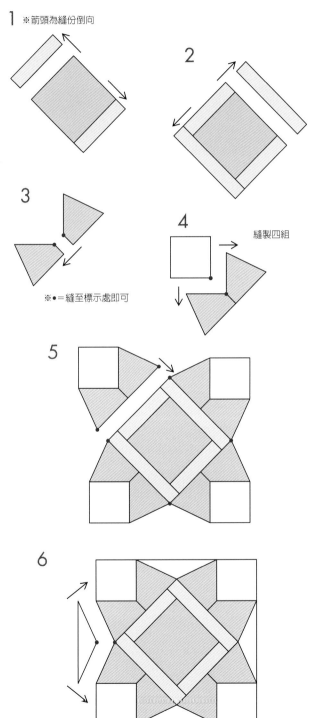

1 ※箭頭為縫份倒向

2

3

※●=縫至標示處即可

4 縫製四組

5

6

126 沙漠玫瑰
desert rose

嘗試將檸檬星形的對稱稍微變化，周圍用圖案的二分之一來圍繞。因小布塊很多，所以做成12公分寬的圖案。以砂裡的水分及礦物質結晶而成的沙漠玫瑰為設計概念。

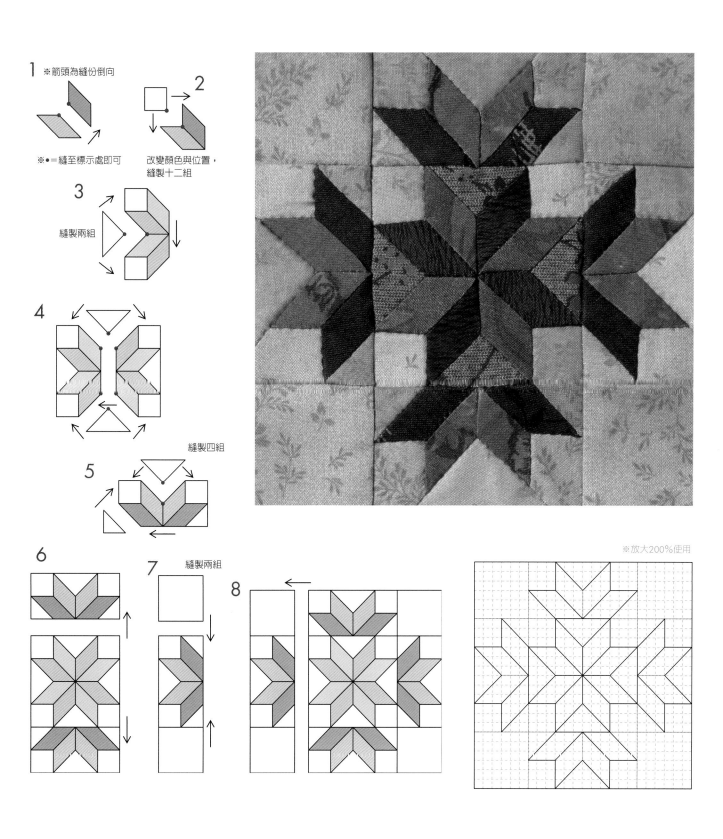

1 ※箭頭為縫份倒向
※●=縫至標示處即可
2 改變顏色與位置，縫製十二組
3 縫製兩組
4
5 縫製四組
6
7 縫製兩組
8
※放大200%使用

127

處女座 α 星
spica

以星座為主題的圖案，大多給人銳利的印象，但只要加上有弧度的布塊，整個感覺就會柔和許多。以大十字為中心，設計出保守的星形。

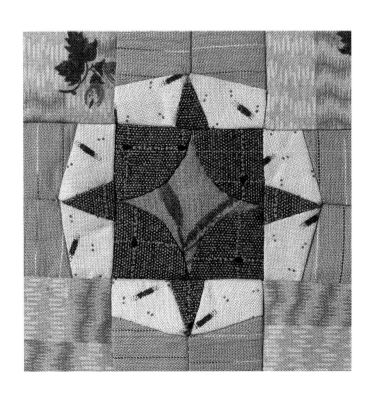

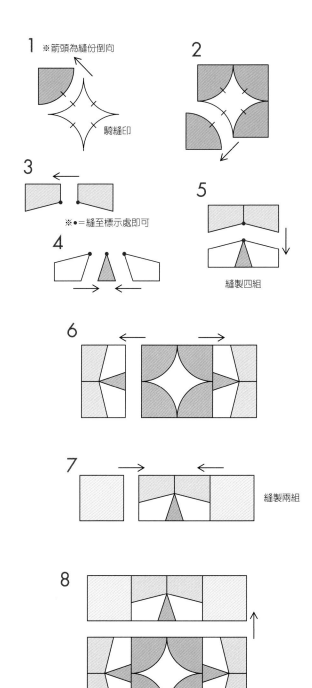

1 ※箭頭為縫份倒向

騎縫印

2

3

※●=縫至標示處即可

4

5

縫製四組

6

7

縫製兩組

8

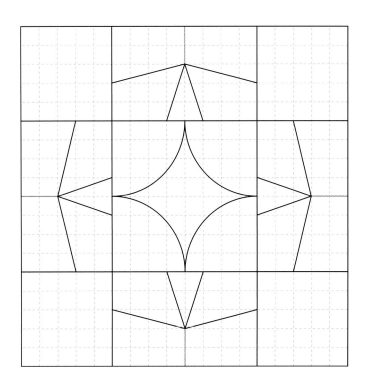

128 雪割草
mealy primrose

簡單又可愛的花朵圖案。中間的圓形花蕊最後以貼布縫完成。例如P158的肩背包，將好幾個圖案排列，那麼花瓣部分會連接在一起，看起來就像星星形狀。

1 ※箭頭為縫份倒向

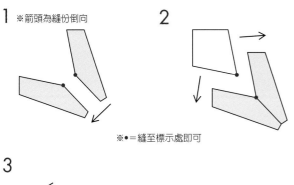

※●=縫至標示處即可

2

3

縫製四組

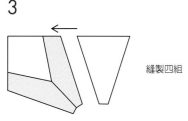

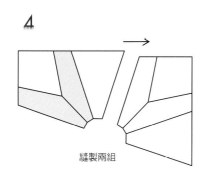

4

縫製兩組

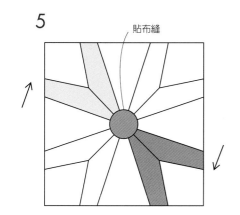

5

貼布縫

貼布縫

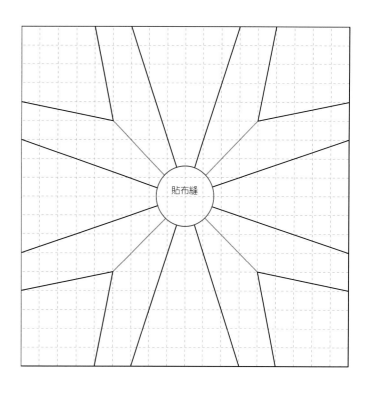

p 肩背包

可輕鬆地斜掛在肩膀的肩背包。後側沒有打褶，
做出又薄又輕的作品。圖案排列在一起，就能完
成星星主題。最上面的圖案只使用半個，中間以
貼布縫縫上圓形。

使用圖案 **128**（P157）
製作方法見P216

q 包包

將線軸排列在一起的設計，圓鼓鼓的形狀加上木
頭珠珠的提把。袋口做得比較小，前側加上拉鍊
開口。底部與襠布的裡布貼上紙襯，以裁縫機車
縫固定完成。

使用圖案**129**（P160）
製作方法見P218

129 翼狀線軸
winged spool

線軸的變化圖案。讓部分背景以分割的布塊縫接而成，藉由布料讓變化更多樣。線軸使用醒目的配色。使用於P159的包包作品。

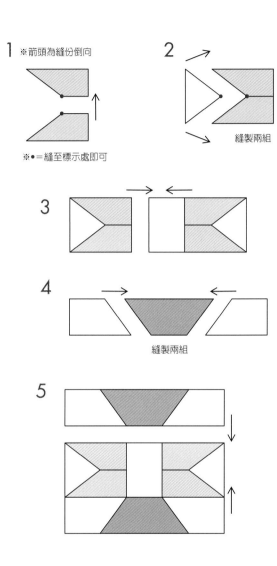

1　※箭頭為縫份倒向

※●=縫至標示處即可

2　縫製兩組

3

4　縫製兩組

5

6

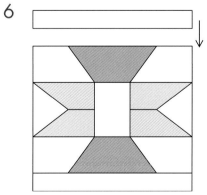

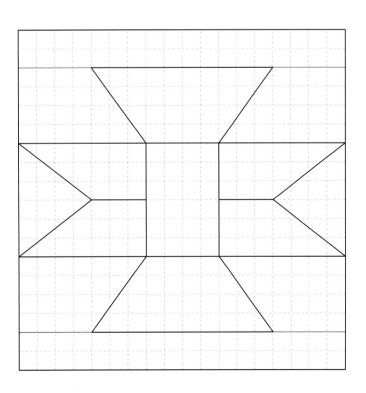

130 三角拼圖
triangle puzzle

將卡片魔術稍微改變，把中間分割成六等份。看起來就像把兩個大三角形組合起來。對比顏色的搭配，讓主題的形狀更加突顯。

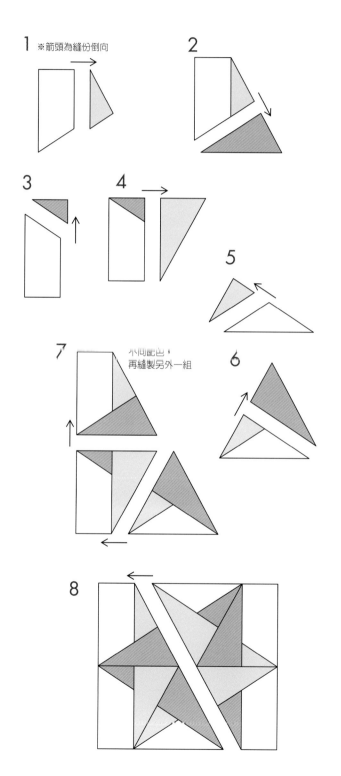

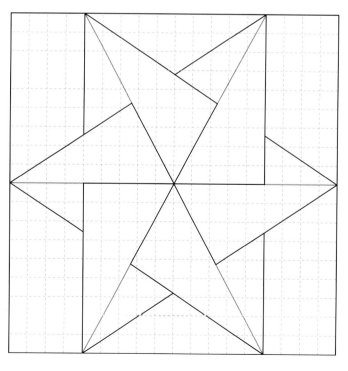

131 六邊形盒
hexagon box

90度傾斜，上下即使貼著六邊的角也能使用的圖案。圍繞六邊形的長條布塊，像與前面布塊疊在一起似地縫接起來。周圍留點弧度，使用於P180的包包。

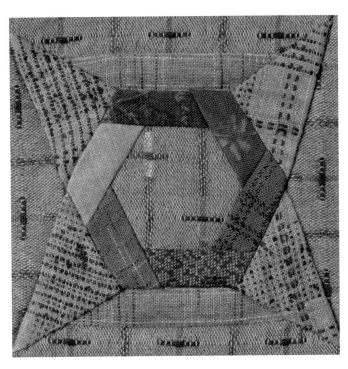

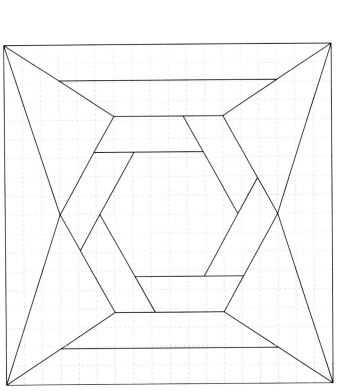

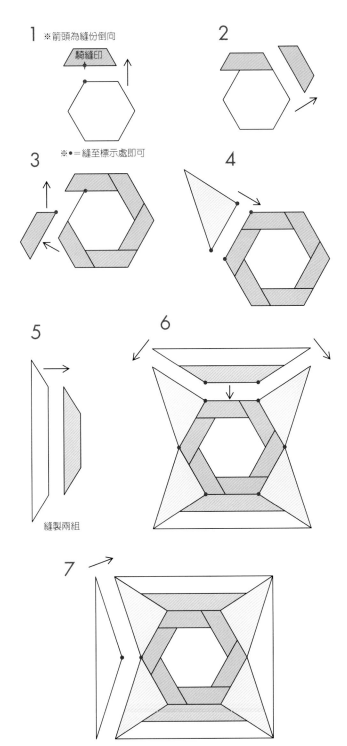

132 彆扭
perverse

主題雖然是傾斜的，但中央圖案卻有一條平行線。失去平衡卻非常有趣的設計。使用有方向性的圖樣及格紋，再針對布塊的剪裁方法下點工夫，整體作品的效果會更棒。

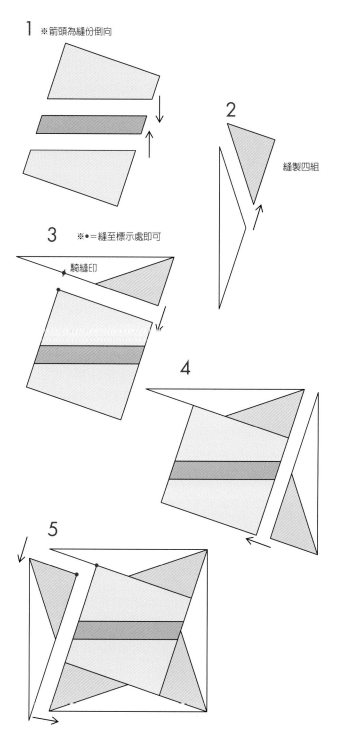

1 ※箭頭為縫份倒向

2 縫製四組

3 ※●=縫至標示處即可

騎縫印

4

5

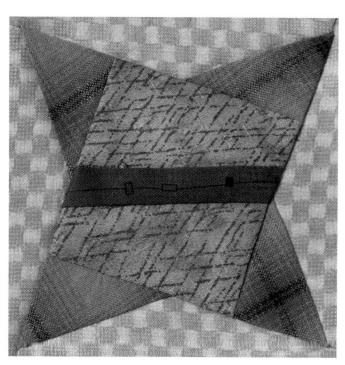

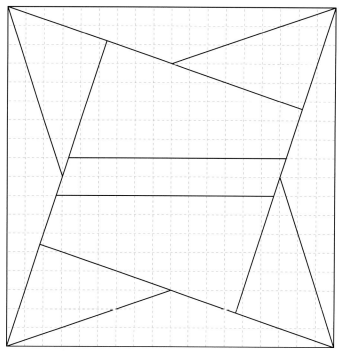

133 風車
streamer

以緞帶在空中飄揚為概念來設計風車圖案。因為想表現出柔和的動感，所以在風車前端布塊的角度下了工夫。中間是用貼布縫。

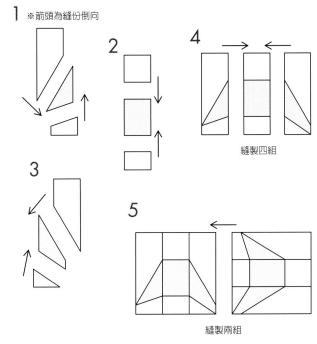

1 ※箭頭為縫份倒向

2

3

4 縫製四組

5 縫製兩組

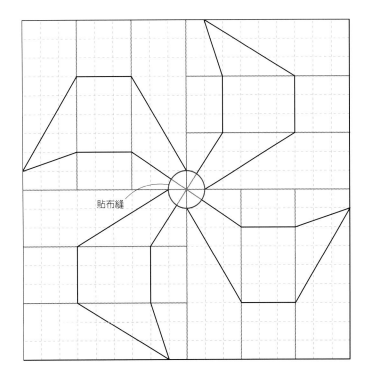

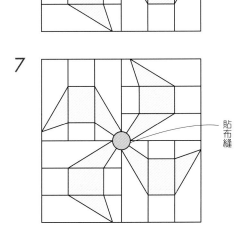

貼布縫

6

7 貼布縫

134 半顆蘋果
half of apple

這個圖案像不像把蘋果剖成兩半時的橫切面呢？小菱形表示蘋果的種籽。P180的包包是把這個圖案的周圍剪成圓形來使用的。

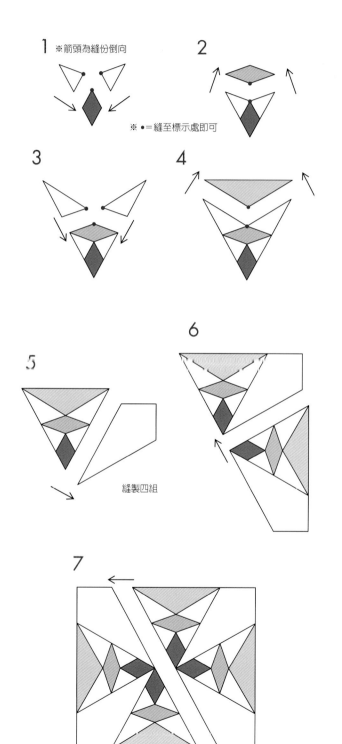

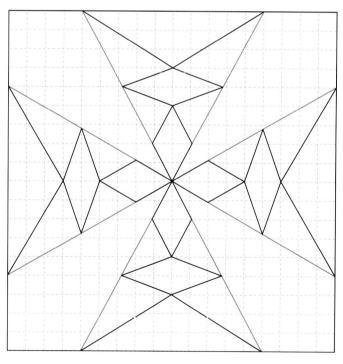

135 蝴蝶結
ribbons

像是將三種不同顏色的細蝴蝶結集中綁在一起的設計。中間的長布塊是格紋布所剪成的斜紋布。這個布塊如選擇深色布的話,整體的統一感會更明顯。

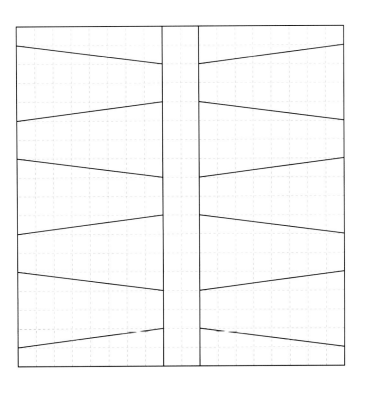

1
※箭頭為縫份倒向

對稱位置各縫製兩組

2

3
對稱位置再縫製一組

4
對稱位置再縫製一組

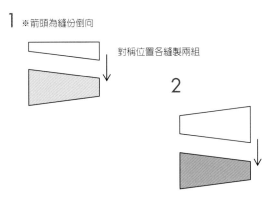

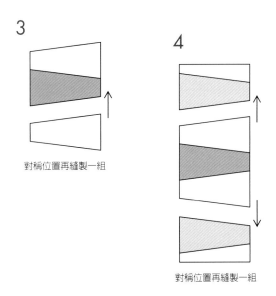

5

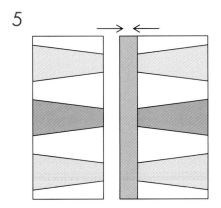

136 雙胞胎
twins

中間的緞帶將兩組主題緊緊地綁在一起。將許多主題連接起來也很可愛，如果是把好幾個圖案縫接起來時，請將橫布條連接起來。

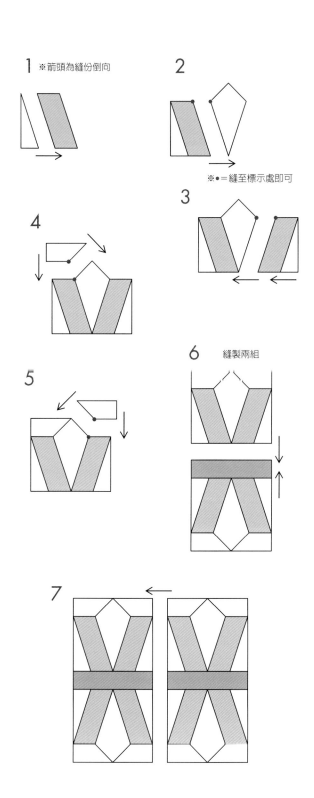

1 ※箭頭為縫份倒向

2
※●＝縫至標示處即可

3

4

5

6 縫製兩組

7

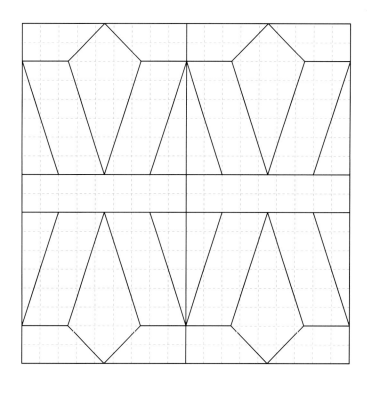

137/ 古典線軸
classic spool

中間是一個大線軸。線軸與四個角落的正方形之間的平衡感
為重點。為了讓帶有弧度的小布塊及長方形布塊有延續感，
所以使用格紋或條紋布料時，請從同一角度來剪裁。

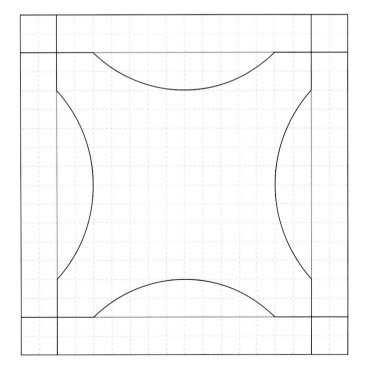

1 ※箭頭為縫份倒向

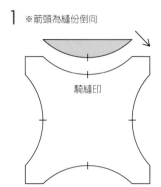

騎縫印

2

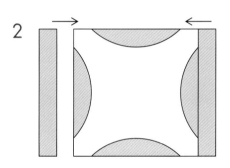

3

縫製兩組

4

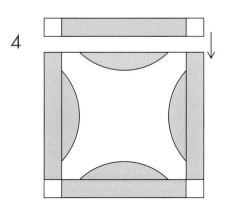

138 小線軸
small spools

四個小線軸排列在一起。將圖案傾斜90度的話，看起來就像蝴蝶結。活用長條的圓點圖樣來剪裁布塊。使用於P170的萬用包。

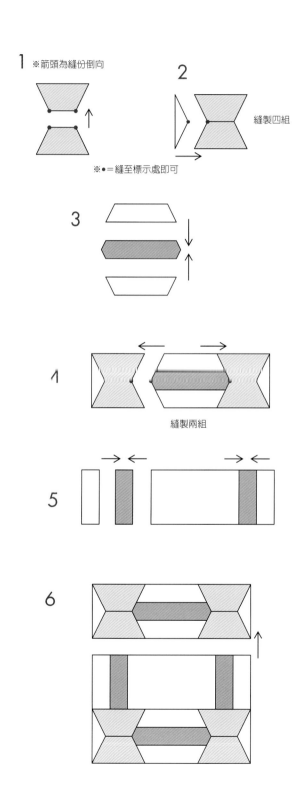

1 ※箭頭為縫份倒向

2 縫製四組

※●=縫至標示處即可

3

4 縫製兩組

5

6

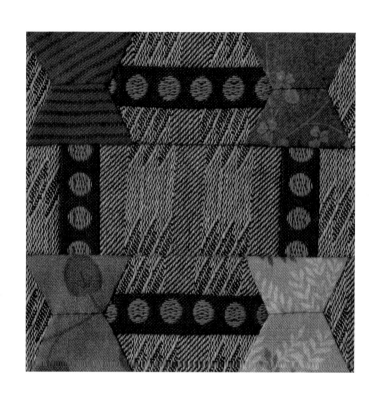

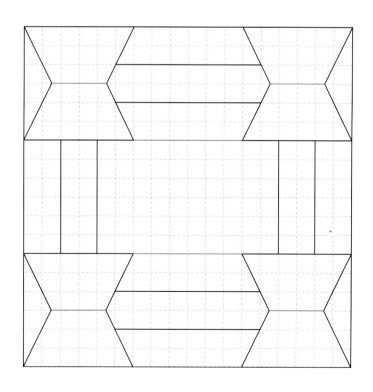

r 萬用包

行李箱形狀且附帶有手提把的萬用包，重點在於
形狀立體而且堅固。蓋子裡側附有口袋。以小線
軸圖案及剪刀、線軸拉鍊裝飾製作出適合收納裁
縫小工具的萬用包。

使用圖案 138（P169）
製作方法見P220

139 裝飾釦
shamrock

帶有弧度的主題與可愛布料搭配的圖案。試著將四葉苜蓿單純化，小片拼縫與貼布縫搭配，成為洋溢著幸福氣息的圖案。

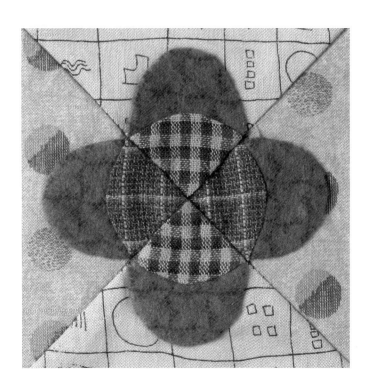

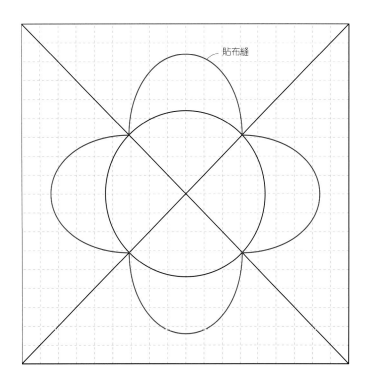

1 ※箭頭為縫份倒向

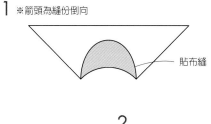

貼布縫

2

縫製四組

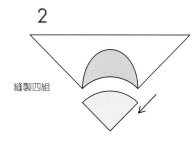

3

縫製兩組

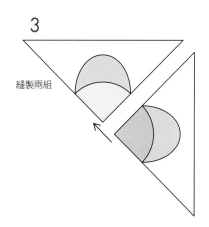

4

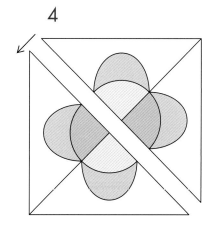

貼布縫

140 雞冠花
cockscomb

有如指南針般，畫出好幾個弧度的設計圖案，也像盛開的雞冠花。組合幾個弧度的圖案，與只有直線的設計完全不一樣，更添幾分樂趣。

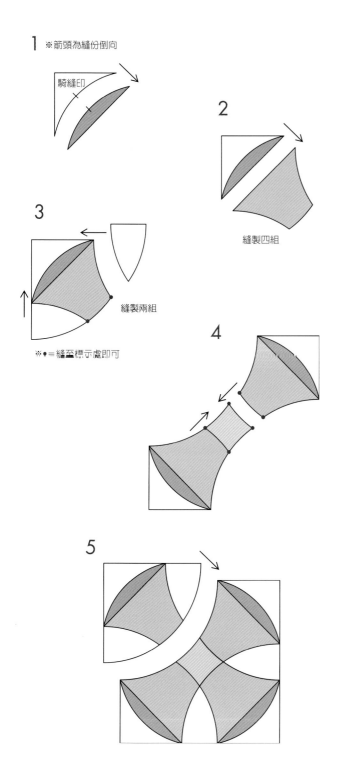

1 ※箭頭為縫份倒向

騎縫印

2

縫製四組

3

縫製兩組

※●=縫至標示處即可

4

5

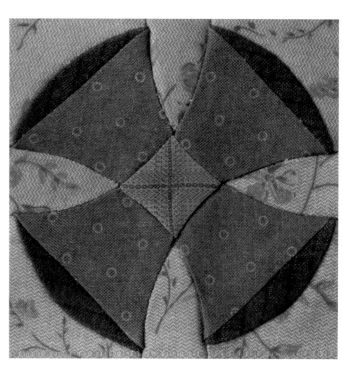

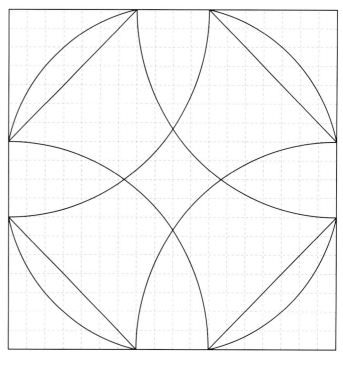

將圓形拼圖安排在中間，周圍加上框框。熟悉的圖案只要稍微花點心思，就會產生新鮮感。布料的選擇也請下點工夫。

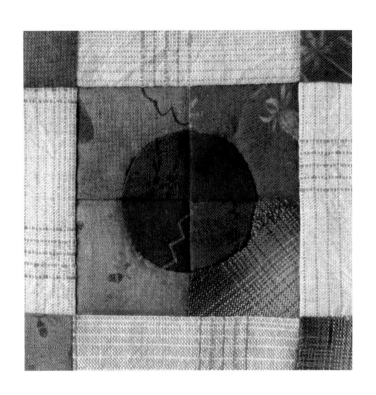

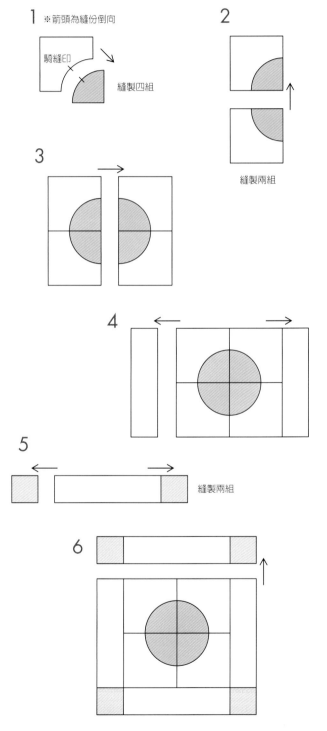

1 ※箭頭為縫份倒向
騎縫印　縫製四組

2 縫製兩組

3

4

5 縫製兩組

6

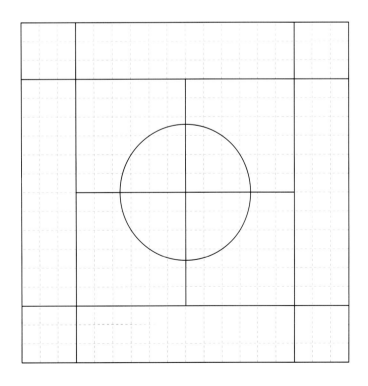

142 水車
waterwheel

在甜甜圈形狀的軌道裝上如羽毛般的菱形。中間的細十字是營造水車氣氛的重要角色。菱形布塊請選擇較醒目的顏色。

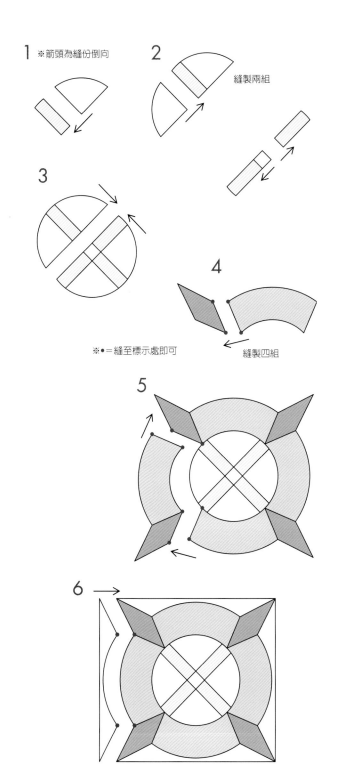

1 ※箭頭為縫份倒向

2 縫製兩組

3

4 縫製四組

※●=縫至標示處即可

5

6

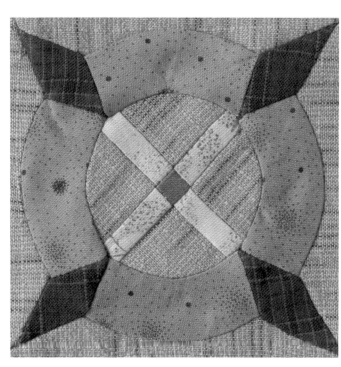

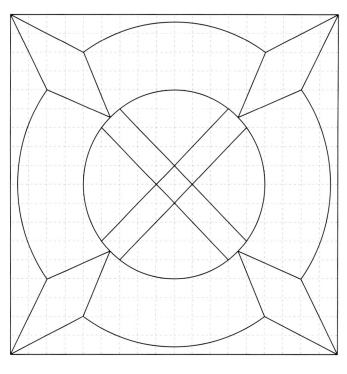

143 活潑的指南針
cheerful compass

在圓形內畫出好幾條線所完成的指南針。不規則的分割，讓布塊前端略鈍，這樣的指南針也很可愛。圓形貼布縫的部分使用在P180的包包。

1 ※箭頭為縫份倒向

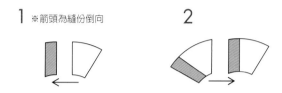

2

3

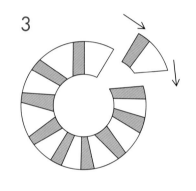

4

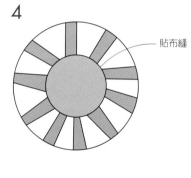

貼布縫

5

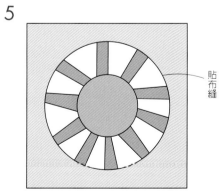

貼布縫

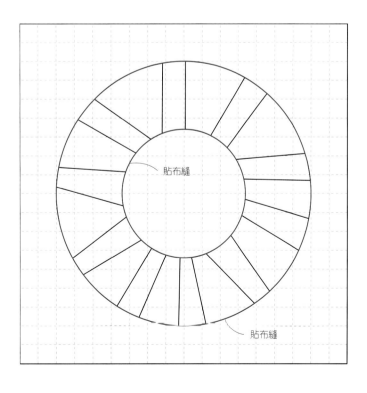

貼布縫

貼布縫

貼布縫

144 滿天星
star flower

看起來很簡單的圖案，菱形花瓣之間保留間隔成為重點。布塊數量雖然增加了，卻能創造出纖細感。圓形貼布縫部分使用在P180的包包。

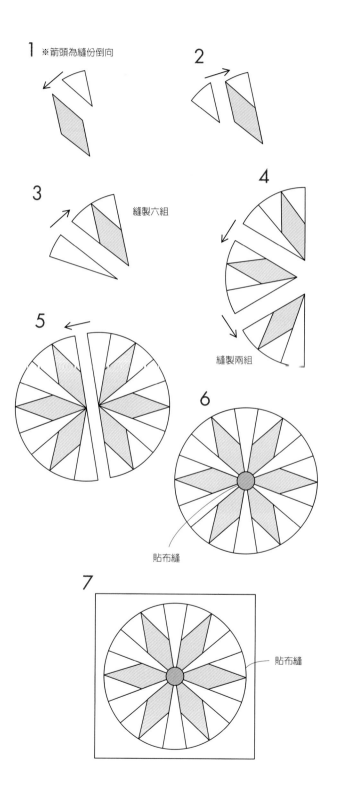

1 ※箭頭為縫份倒向

2

3 縫製六組

4 縫製兩組

5

6 貼布縫

7 貼布縫

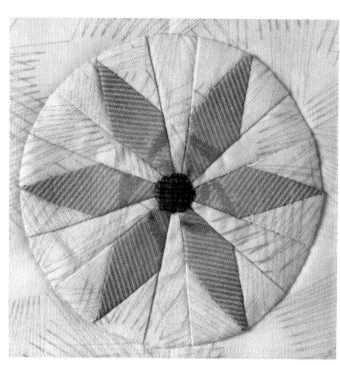

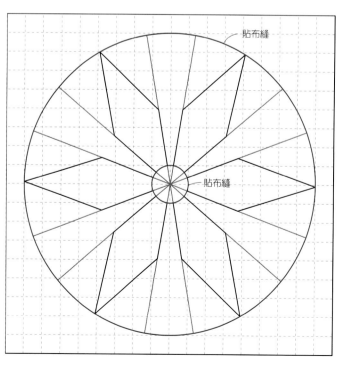

貼布縫

貼布縫

145 日落指南針

sunrise compass

在指南針中央貼布縫上柳橙果皮的主題。若在意縫份的厚度，請於貼布縫之後，從內側把基底布挖空剪除。圓形貼布縫部分使用在P180的包包。

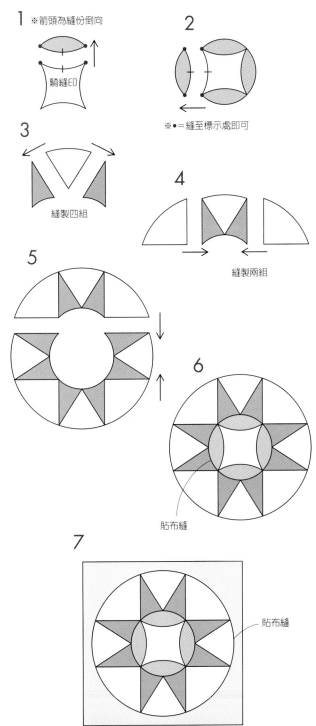

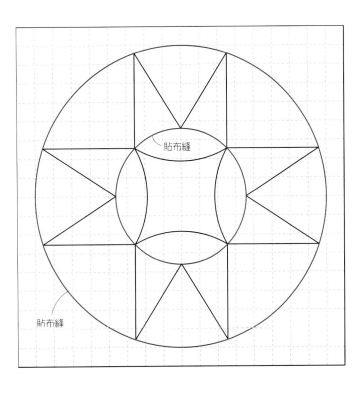

146 紡車
spinning wheel

將軌道與十字重疊在一起的主題,與圖案142的中央類似。周圍的底布與十字錯開,分割成四等份,各自使用不同的布料。圓形主題使用在P180的包包。

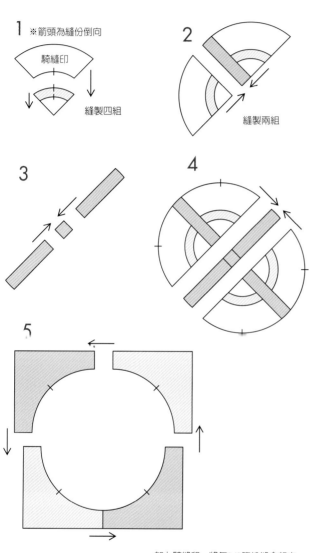

1 ※箭頭為縫份倒向
騎縫印
縫製四組

2 縫製兩組

3

4

5

加上騎縫印,將每1/8等份縫合起來。

6

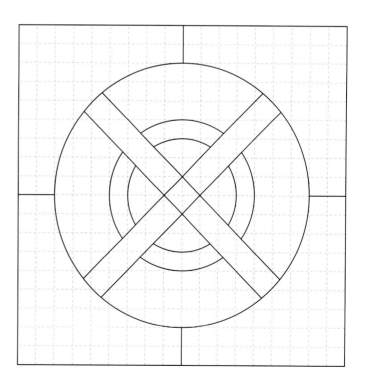

Ⓢ 包包

貼布縫上八種圖案的包包。即使原本不是圓形圖案，只要把中央剪成圓形，就能製作出不同的圖案。請嘗試縫製出喜歡的圖案。

使用圖案 **87**（P108）、**92**（P115）、**131**（P162）、**134**（P165）、**143~146**（P176~179）
製作方法見P222

147 / ⅩⅢ
thirteen

將畫出大弧度的四分之一圓形變化成的祖母葉片圖形。用細布塊做出十字，看起來就像羅馬數字的「13」（ⅩⅢ）。細布塊用貼布縫也沒問題。

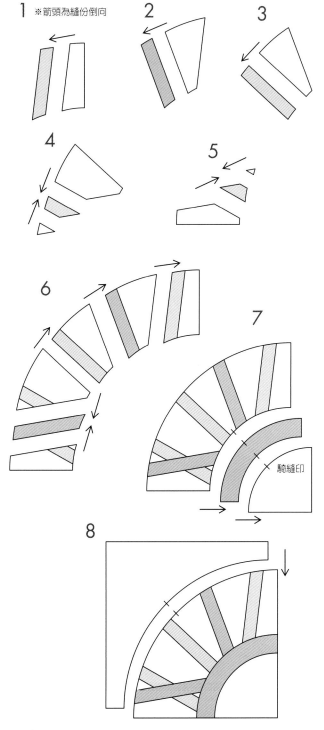

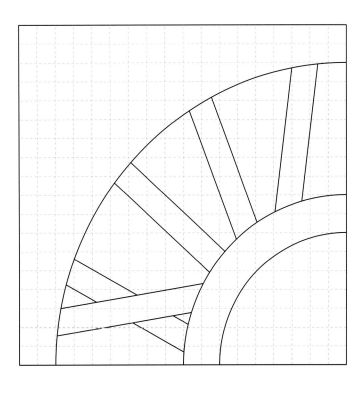

148 日晷
sundial

日晷是從前的計時器。這個圖案由銳角布塊及小圓弧所構成，縫接時需要特別小心。請仔細釘上繃針。中央的圓形使用貼布縫。

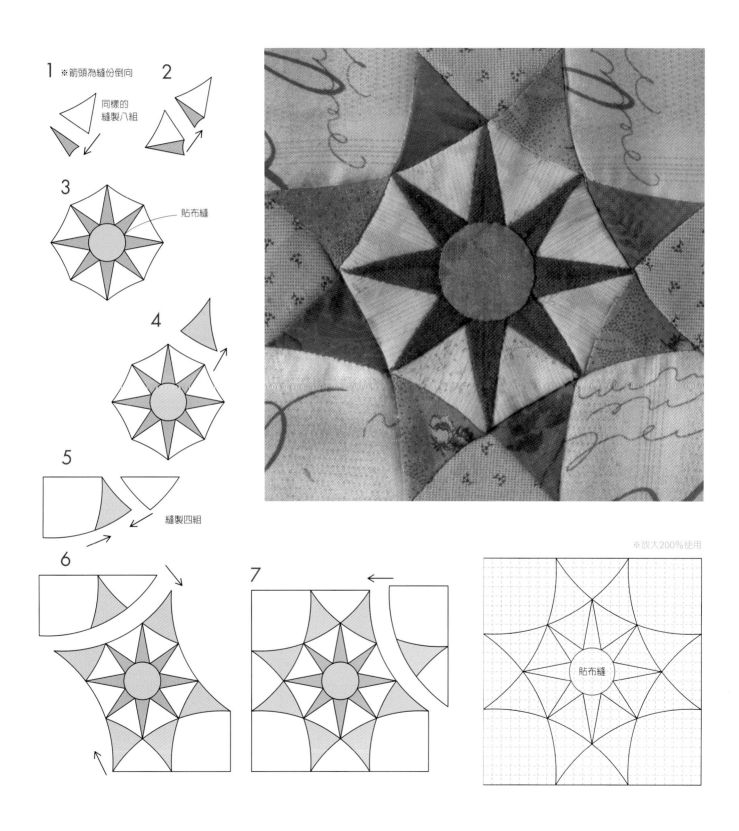

1 ※箭頭為縫份倒向

同樣的縫製八組

2

3 貼布縫

4

5 縫製四組

6

7

※放大200%使用

貼布縫

149 智慧之環
puzzle ring

有直線從環中間穿過的設計。猛然一看，或許懷疑是怎麼縫上去的呢？但這個圖案的縫法絕不困難。擅用方向性，幾塊縫接在一起將會很有趣。

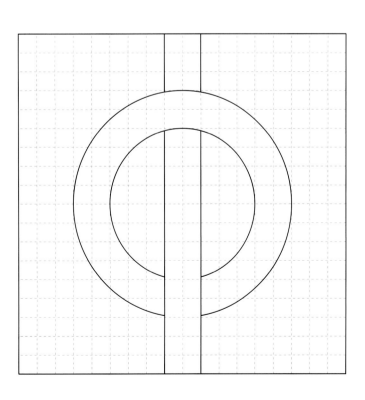

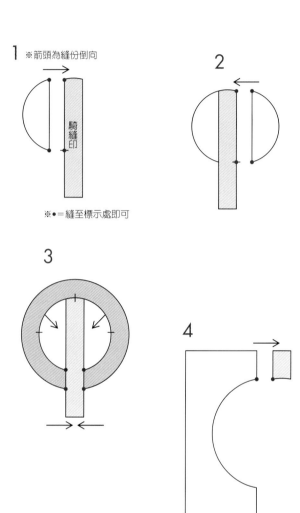

150 漸強符號
crescendo

傾斜的線條逐漸變粗的貼布縫。為讓小圖案有慢慢變寬的感覺，設計時，在貼布縫的基底從左上到右下逐漸加寬。

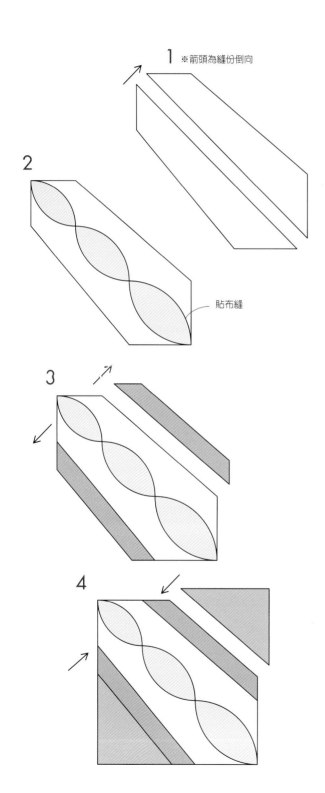

1 ※箭頭為縫份倒向

2 貼布縫

3

4

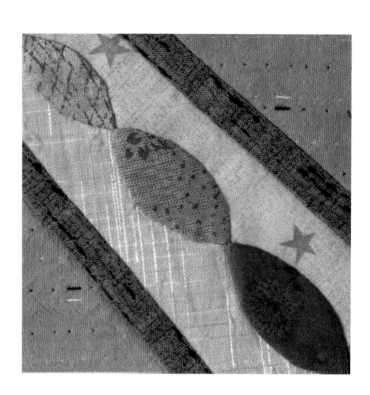

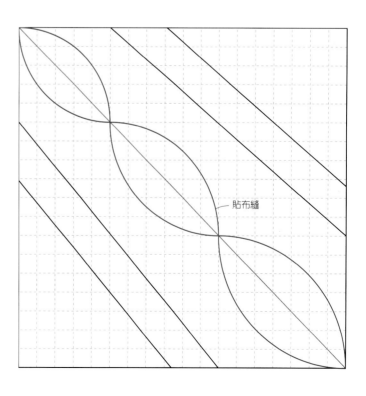

貼布縫

以美國本土織物模樣為設計發想。特別注重顏色，中間為紅色，其他則以大地色系來統一。活用細長布條排列出有如壁毯邊緣也很有趣。使用在P187的包包。

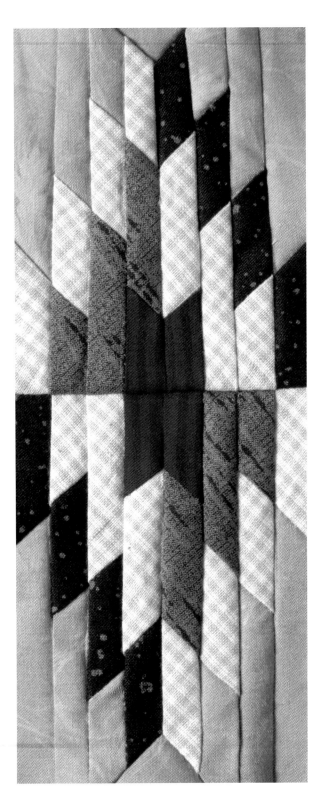

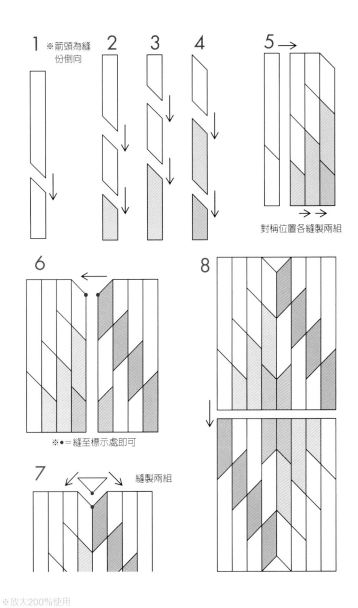

1 ※箭頭為縫份倒向

2

3

4

5

對稱位置各縫製兩組

6

※●=縫至標示處即可

7 縫製兩組

8

※放大200%使用

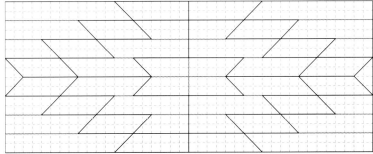

t 包包

將有如美國本土毛毯的圖案，使用在襠布較窄、形狀簡單的包包上面。縱向排列1.5個圖案，看起來像是前側與後側的圖案從底部連接起來的效果。全體皆縫上壓縫線，完成的作品很堅固又方便使用。

使用圖案 151（P186）
製作方法見P217

152 龍骨
dragon's scale

這是從毛線編織花樣所得到的靈感。以不規則六角形架構出的大型圖案，但區分出上下的線條布塊卻使用細長條。相同圖案可以數塊並排使用。

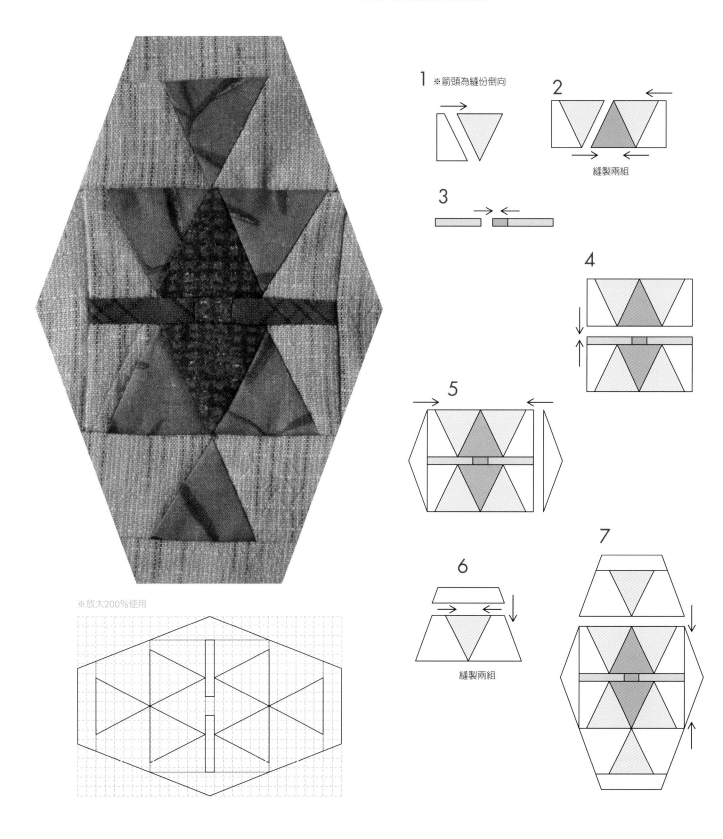

※放大200%使用

153 六角星
hexagon star

就像是奶奶的花園般，以七個六角形製作出的花朵圖案。稍加變化，將周圍布塊剪裁成五角形，就變成具星星風格的主題。圍繞在六角形周圍的框框，請使用暗色系布料。

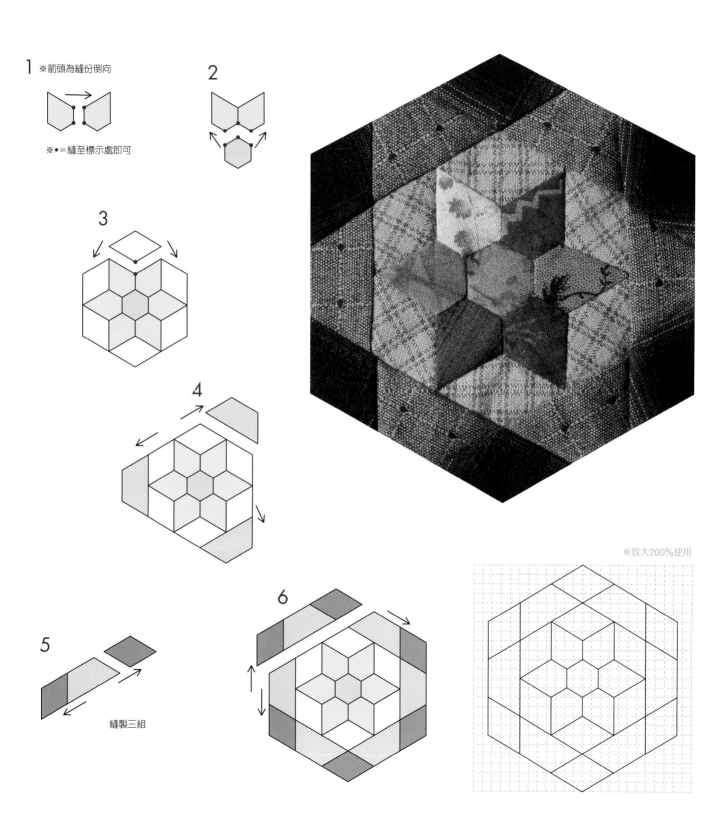

1 ※箭頭為縫份倒向

※●＝縫至標示處即可

2

3

4

5 縫製三組

6

※放大200%使用

154 菱形拼縫
rhombic joint

帶點和風的圖案。活用段差讓大小菱形能夠縫接在一起。以四個菱形當作一個主題來配色。將數塊相同圖案同時使用。

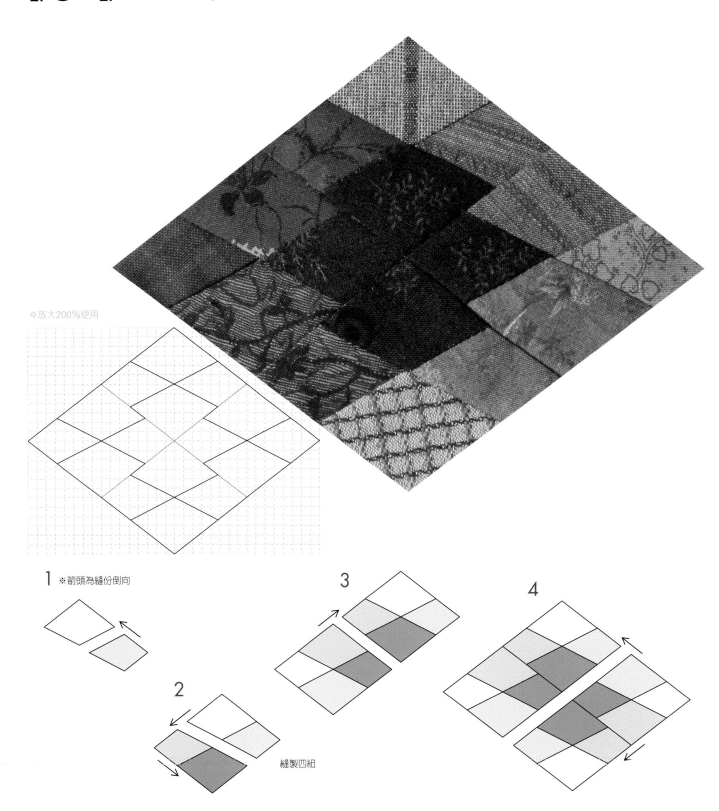

※放大200%使用

1 ※箭頭為縫份倒向

2

縫製四組

3

4

155 卡片的排列
connecting card

有如卡片魔術般，將卡片縱向一字排開。因為可將幾塊重疊縫接，所以建議縫在邊緣或使用格子圖案。希望卡片看起來像連接在一起，旁邊主題的顏色最好能不一樣。

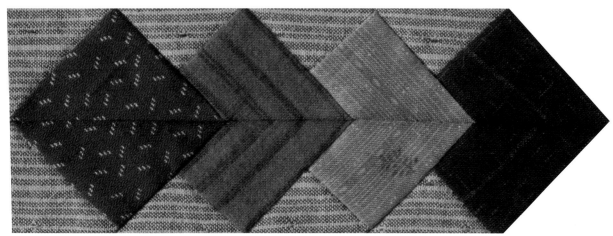

※放大200%使用

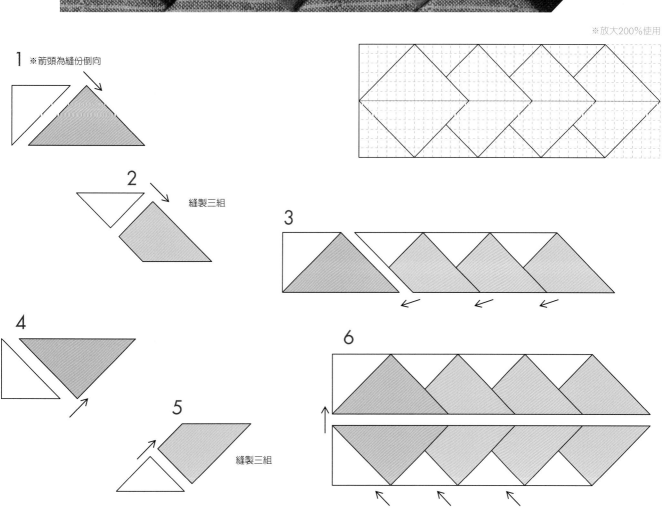

1 ※箭頭為縫份倒向

2 縫製三組

3

4

5 縫製三組

6

156 砌磚工人
bricklayer

有如砌磚般，將寬1公分的布塊縱、橫向縫接起來所做出的圖案。連續並排縫接時，花樣會不斷地向外延伸。集合四塊圖案的四個角也有它的花樣，所以配色時請特別留意。

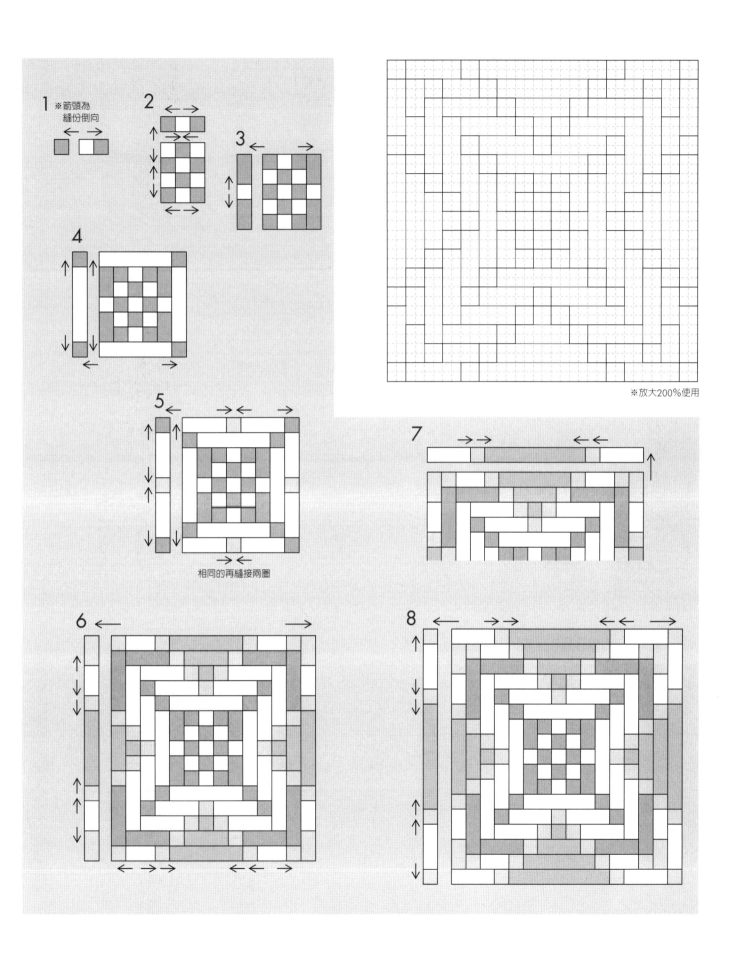

寶特瓶袋

使用圖案

6・7

原寸紙型見P11、P14

P12的作品

★材料

拼縫、貼布縫用布…碎布適量、駝色底花樣兩種各25×25cm（含襯布） 底…褐色格子15×15cm 墊布、裡布（防潑水加工）、鋪棉…各55×25cm 滾邊…駝色格子3.5×40cm（斜裁） 提把…駝色帶2×40cm 25號刺繡線…各色適量

★完成尺寸 參照圖示
★製作方法
①完成拼縫及貼布縫、刺繡，縫製前、後側表布。
②將前側、底、後側縫接成一塊表布（於各角落標示處固定）。
③將②與鋪棉及墊布重疊，縫上壓縫線。
④將③正面對摺，下面的邊縫合起來。

⑤裡布正面對摺，使用④的方法縫合起來。
⑥將④與⑤重疊，將未縫合的邊縫合。
⑦參照圖示，主體及裡布的底部襯布重疊縫接，翻回正面。
⑧用駝色帶製作提把，以疏縫暫時固定在主體袋口內側。
⑨袋口滾邊。
⑩從前、後側及襯布針腳位置正面抓出0.1cm縫起。

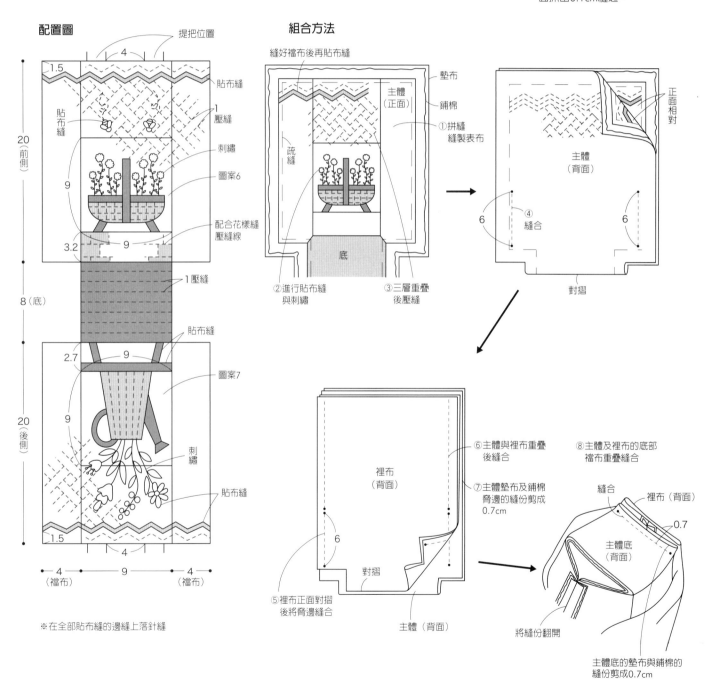

※在全部貼布縫的邊縫上落針縫

★重點

前、後側表布在左右的襠布縫好之後，再開始縫製上面的千鳥貼布縫。若想做成袋狀，在組合時要特別注意將襠布中間的前後千鳥圖樣連接起來。

＊後側（瓶子）花的貼布縫及刺繡原寸紙型在A面

壓縫的
原寸圖案

在袋口滾邊

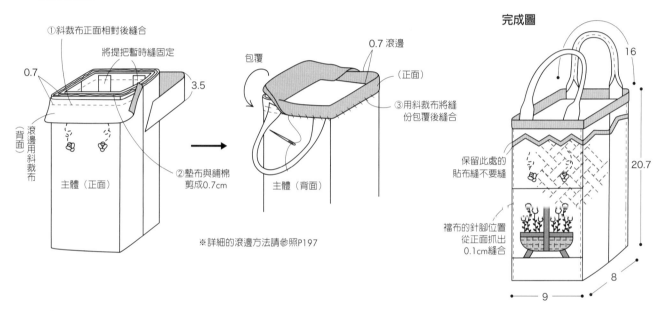

①斜裁布正面相對後縫合

將提把暫時縫固定

0.7

3.5

（背面）

滾邊用斜裁布

主體（正面）

②墊布與鋪棉剪成0.7cm

包覆

0.7 滾邊

（正面）

③用斜裁布將縫份包覆後縫合

主體（背面）

※詳細的滾邊方法請參照P197

完成圖

16

20.7

保留此處的貼布縫不要縫

襠布的針腳位置從正面抓出0.1cm縫合

9

8

提把（駝色帶・製作兩條）

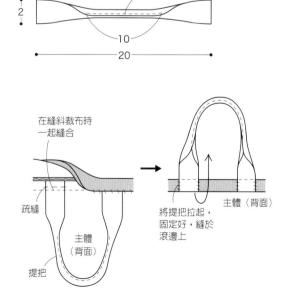

對摺後車縫

2

10

20

在縫斜裁布時一起縫合

疏縫

主體（背面）

提把

將提把拉起，固定好，縫於滾邊上

主體（背面）

口袋的刺繡及貼布縫的原寸圖案
（刺繡全部使用兩條線）

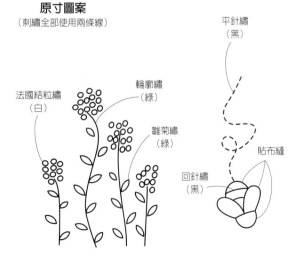

法國結粒繡（白）

輪廓繡（綠）

雛菊繡（綠）

平針繡（黑）

回針繡（黑）

貼布縫

b

卡片夾

使用圖案

5・11

原寸紙型見P10、P18

P19的作品

★材料
拼縫用布…駝色底印花布15×25cm、碎布適量（含扣帶） 內側布・口袋…15×60cm 墊布、棉襯…各17×22cm 鈕扣1個 魔術粘…1.2×0.8cm 卡片夾（10×7cm）1個

★完成尺寸 參照圖示

★製作方法（共用）
①拼縫做出表布。

②在①鋪上棉襯及墊布再壓縫。首先在構成圖案的布塊上隨意壓縫，接著在所有布塊邊緣縫上落針縫，再配合印花布花樣壓縫。
③參照圖示製作扣帶。
④製作2片口袋。
⑤在②將扣帶及口袋以疏縫暫時固定。
⑥在⑤的上面將內側布翻至正面相對，留下返口，將周圍縫合。

⑦將⑥從返口翻至正面，角落用錐子將布拉出，調整形狀。返口的縫份摺入內側，縫合。
⑧把鈕扣縫在扣帶上。

★重點
放入相簿形式的卡片夾使用。

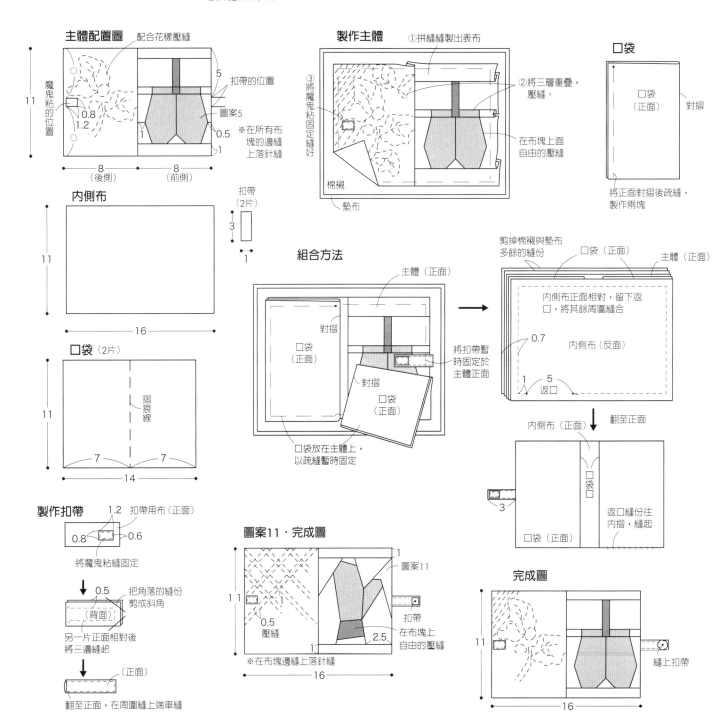

桌邊口袋

使用圖案
15・16・17
原寸紙型見P23~P25

★材料

拼縫、貼布縫用布…木紋印花布110×25cm（包含基底）、碎布適量　裡布、鋪棉…各50×50cm　滾邊…駝色織紋3.5×85cm　焦褐色印花布3.5×55cm（全部斜裁）　口袋袋口縫份收邊用斜裁布…2.5×45cm　25號刺繡線原色適量

★完成尺寸　21.9×41.4cm

★製作方法

①活用印花布的花樣來拼縫，縫製出基底表布。

②將四塊圖案及布塊縫合成區域，以貼布縫縫製道路，做出口袋表布。

③將①和②各自與鋪棉及裡布重疊，縫上壓縫線。

④口袋袋口側的縫份，用斜裁布包覆收邊，縫合起來。

⑤將口袋放在底布上，周圍縫上疏縫。口袋間隔的圖案邊緣以針目縫至底布裡側，縫上壓縫線。

⑥將兩種斜裁布縫接起來，在⑤周圍滾邊。

★重點

十字架的刺繡使用25號刺繡線三線縫。

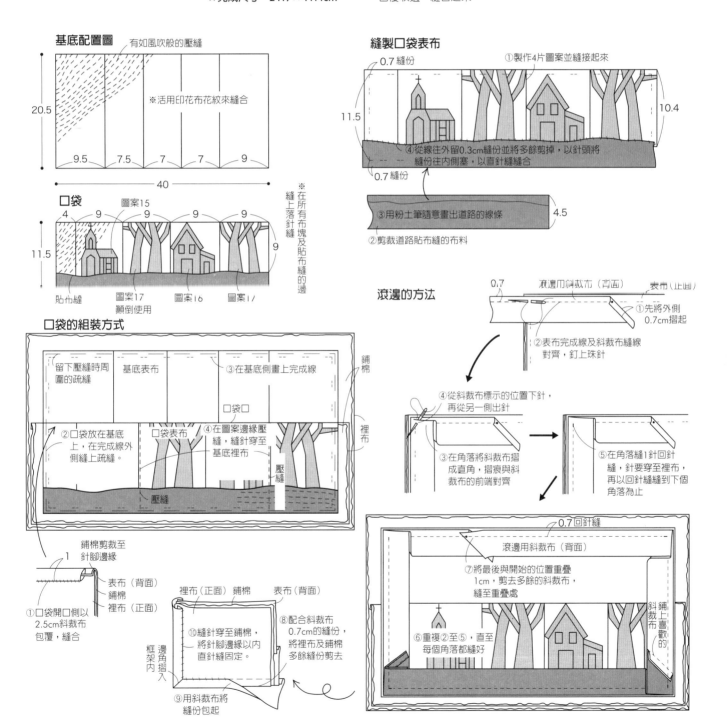

d

P38的作品

盒子

使用圖案

26・27・101

原寸紙型見P36、P37、P126

★材料

拼縫用…碎布適量　底…焦褐色織紋布15×25cm　墊布、裡布、鋪棉…各50×45cm　滾邊…綠色系法蘭絨3.5×60cm（斜裁）直徑0.3cm的綠色繩子6cm　直徑1.4cm鈕扣1個　A3板子1塊

★完成尺寸　參照圖示

★製作方法

①拼縫蓋子表布，再與鋪棉及墊布重疊，壓縫。

②將①與裡布以疏縫暫時固定，在墊布及裡布中間夾入板子。

③在②周圍滾邊。

④拼縫側面，再與底縫接起來做出主體表布。

⑤將④與鋪棉及墊布重疊，壓縫。

⑥將⑤與裡布正面相對，留下側

面開口，其餘周圍皆縫合。翻至正面，以車縫將底布三邊縫合。

⑦在⑥放進底部用板子，將底部所留下的邊以單針縫（一針一針，將針線拉出）縫合。

⑧將側面的四個板子裝入，把開口處的縫份塞進內側後縫合。

⑨側面立起，以捲針縫縫合，組裝成盒子形狀。

配置圖

蓋子

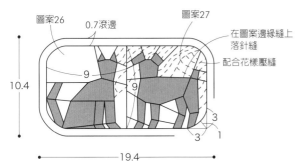

圖案26

0.7滾邊

圖案27

在圖案邊緣縫上落針縫

配合花樣壓縫

10.4

9

9

3

3　1

19.4

主體

圖案101

配合花樣壓縫

側面

9

9

9

底

1cm正方形壓縫

9

27

9

9

0.5

※在所有布塊邊緣縫落針縫

18

36

縫製蓋子

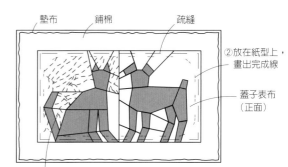

墊布　鋪棉　疏縫

②放在紙型上，畫出完成線

蓋子表布（正面）

①配合花樣壓縫，在狗及貓圖案邊緣縫上落針縫

③測量壓縫後的完成尺寸，再依尺寸剪裁板子

⑤將裡布放在墊布上，邊放進板子邊在周圍疏縫

繩子對摺，暫時縫住固定

裡布（正面）

墊布

④墊布、鋪棉大略剪裁一下

用3.5cm寬的斜裁布滾邊

0.7

※滾邊的方法請參照P197

⑩在側面前側裝上鈕扣。
⑪將蓋子背面的滾邊與側面後側
對齊，以捲針縫縫接起來。

★重點
壓縫結束後，請測量各處的完成
尺寸，再依尺寸剪裁板子。

縫製主體

疏縫

將兩個圖
案從頭縫
至尾端

②三層重疊，
縫上疏縫

側面

墊布

鋪棉

①底與側面縫接起來，
做成表布

從標示處
縫至標示處

底

從標示處縫至標示處

③縫上壓縫線

在所有布塊邊緣
縫上落針縫

裡布

從標示處縫
至標示處

⑤墊布與鋪棉的縫份
剪成0.7cm

從標示處
縫至標示處

④主體與裡布正
面相對，周圍
以単絎縫縫

在縫份
剪出牙口

0.7

主體表布
（正面）

鋪棉

墊布

裡布（正面）

⑥將底的三邊
車縫起來

⑩將板子放進
四個側面

⑨板子放進底部後，以單針
縫將其餘的邊縫合

翻至正面

⑧板子裝進
底部

⑦壓縫後，測量側面及底的
完成尺寸，再剪裁5片板子

⑪開口的縫份塞進
內側，縫合

⑫翻起側面，以
捲針縫固定

完成圖

捲針縫

縫上鈕扣

1.5

9

9

18

萬用包

使用圖案

33

原寸紙型見P45

★**材料**

拼縫、貼布縫用布…駝色底樸實花樣25×30cm（含前側A）、碎布適量　後側…褐色系格子布20×25cm　裡布、間隔布…40×50cm　鋪棉…40×25cm　滾邊…袋口用＝褐色格子布3.5×40cm（斜裁布）、B用＝褐色系木紋花樣3.5×15cm（斜裁布）拉鍊…14cm和10cm各一條　拷

邊（含繩子）…焦褐條紋布2.5×40cm（斜裁布）、芯用圓繩直徑0.3×40cm　縫份收邊用斜裁布…3×40cm　木頭珠珠…直徑1.2cm、長5cm葉子形各1個　直徑0.2cm皮繩20cm　25號黑色刺繡線適量

★**完成尺寸　參照圖示**

★**製作方法**

①開始拼縫及貼布縫、刺繡，製

作出前側表布A及B。

②在①和後側表布各自與鋪棉、裡布重疊，縫上壓縫線。

③在前側B裝拉鍊的位置滾邊。

④在A及B裝上拉鍊，與前側縫接起來。

⑤縫製間隔布。

⑥將④及⑤與前側表布重疊，縫上疏縫，在袋口滾邊。

⑦後側袋口滾邊。

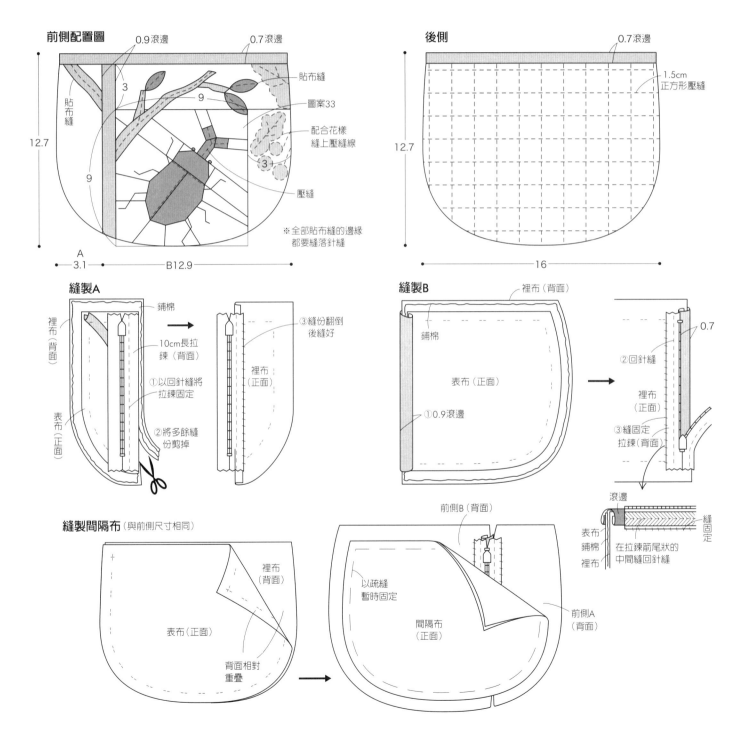

⑧參照圖示，在⑥及⑦裝上拉鍊。
⑨製作拷邊（內有繩子）。（參照P207）
⑩將⑧裝好拉鍊的⑥及⑦正面相對，中間放入⑨，周圍縫合。
⑪用斜裁布將⑩的縫份包覆收邊。
⑫裝上拉鍊飾品。

★重點
前側B的滾邊是要讓樹幹更醒目。跟貼布縫一起使用木紋花樣的布料，更能突顯作品氣氛。甲蟲的刺繡請使用25號刺繡線三條縫。

＊前側的原寸紙型在A面

裝拉鍊飾品的方法

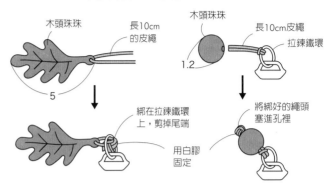

木頭珠珠　　長10cm的皮繩

木頭珠珠　　長10cm皮繩
1.2　　　　　拉鍊鐵環

5

綁在拉鍊鐵環上，剪掉尾端
用白膠固定

將綁好的繩頭塞進孔裡

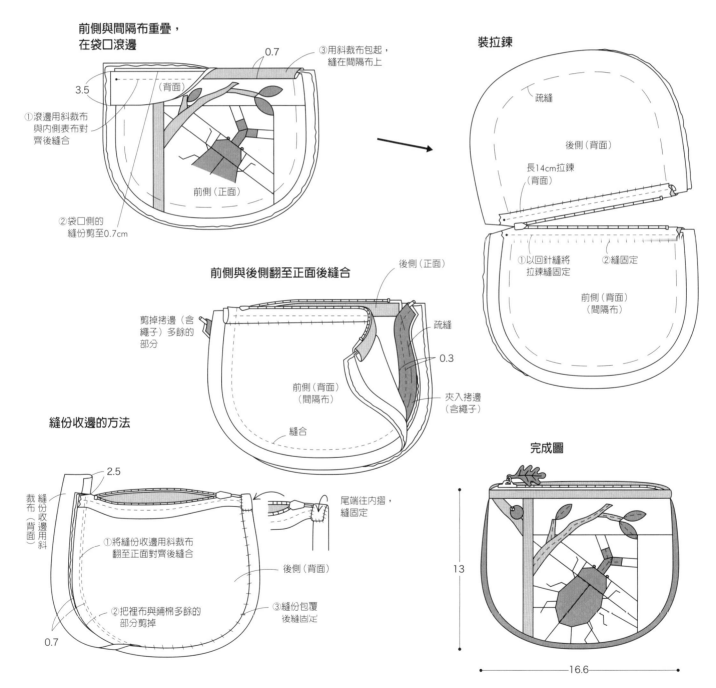

前側與間隔布重疊，在袋口滾邊

0.7
③用斜裁布包起，縫在間隔布上
（背面）
3.5
①滾邊用斜裁布與內側表布對齊後縫合
前側（正面）
②袋口側的縫份剪至0.7cm

裝拉鍊

疏縫
後側（背面）
長14cm拉鍊（背面）
①以回針縫將拉鍊縫固定
②縫固定
前側（背面）（間隔布）

前側與後側翻至正面後縫合

後側（正面）
剪掉拷邊（含繩子）多餘的部分
前側（背面）（間隔布）
疏縫
0.3
夾入拷邊（含繩子）
縫合

縫份收邊的方法

2.5
裁布（背面）
縫份收邊用斜裁布（背面）
①將縫份收邊用斜裁布翻至正面對齊後縫合
②把裡布與鋪棉多餘的部分剪掉
0.7
尾端往內摺，縫固定
後側（背面）
③縫份包覆後縫固定

完成圖

13
16.6

f P51的作品

萬用包

使用圖案
37
原寸紙型見P49

★材料
拼縫、貼布縫用布…淺褐色印花布30×25cm、淺褐色格子布25×25cm、碎布適量（含繩子裝飾）襯布…褐色系格子布20×15cm、黑底圓點25×10cm 滾邊…黑色細格子2種各3.5×25cm（斜裁布）裡布、鋪棉…各35×60cm 縫份收邊用斜裁布…2.5×100cm 紙襯…25×25cm 19cm拉鍊1條

樹木種籽珠珠2個 蜜蜂飾品1個 直徑0.1cm長20cm繩子 棉花少許 25號刺繡線…各色適量
★完成尺寸 參照圖示
★製作方法
①以拼縫、貼布縫、刺繡將主體表布做好，再與鋪棉及裡布重疊，縫上壓縫線。
②參照P212～213縫製襯布。裝上拉鍊，把繩子暫時固定縫在襯

布上，再與旁邊襯布縫合，縫份收邊。
③將①與②背面對齊縫合，縫份收邊（參照P201）。
④裝上繩子裝飾與珠珠，並在拉鍊裝上蜜蜂飾品。
＊原寸紙型在A面

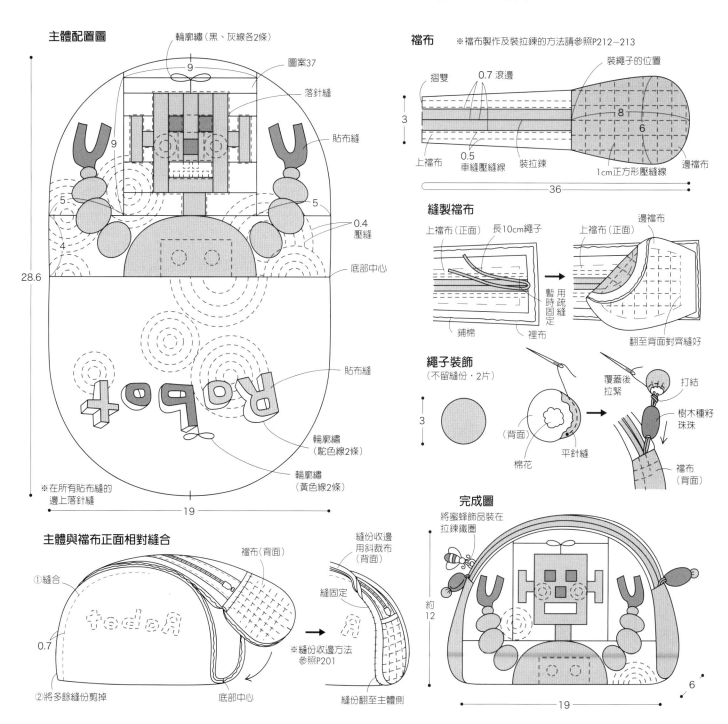

P86的作品

迷你包包

使用圖案
64.
原寸紙型見P80

★**材料**
拼縫用布…碎布適量　襠布、小拉布…淺褐色格子布40×45cm　裡布、鋪棉…各50×45cm　滾邊…褐色系格子布3.5×80cm（斜裁布）　縫份收邊用斜裁布…3.5×15cm　34cm長拉鍊1條　黑色皮帶1×64cm　直徑0.1cm長15cm繩子　直徑1.2cm木頭珠珠3個

★**完成尺寸　參照圖示**
★**製作方法**
①以拼縫完成部分圖案，上襠布與邊襠布對齊縫接，製作表布。
②將①與鋪棉及裡布（需預留縫份）重疊，壓縫。
③在②的上襠布邊緣滾邊，裝上拉鍊。
④製作小拉布，以疏縫暫時固定在③的上襠布。

⑤上襠布及邊襠布正面相對縫接起來（縫份收邊方法見P201）。
⑥將提把用的皮革帶夾入，將邊緣縫合（縫份的收邊方法請參照P219）。
⑦裝上拉鍊飾品。

＊主體原寸紙型在A面

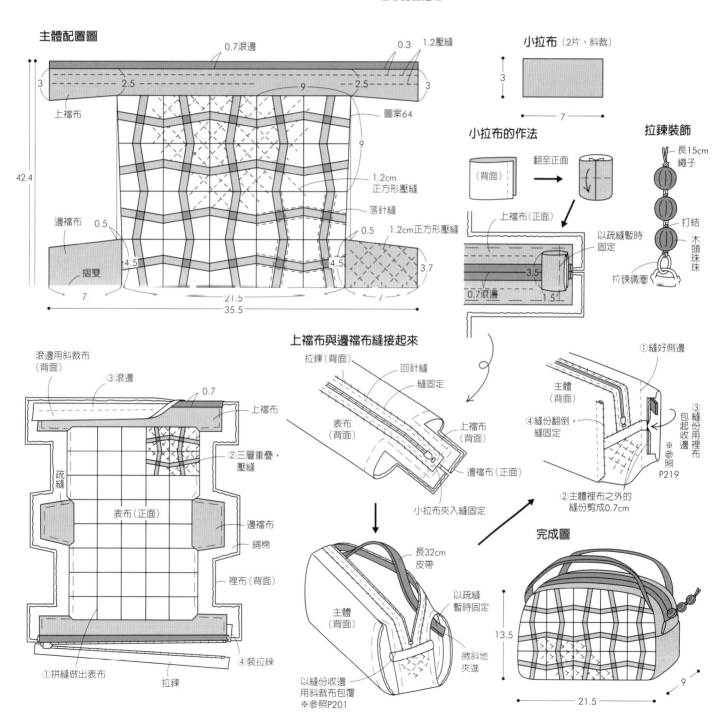

h

萬用包

使用圖案
⑥⑨
原寸紙型見P85

P87的作品

★材料
拼縫、貼布縫用布…褐色印花布
50×30cm、碎布適量（含小拉
布、拉鍊裝飾用）　裡布‧鋪棉
…各40×30cm　滾邊…綠直條紋
2種各3.5×20cm（斜裁布）　縫
份收邊用斜裁布…3×50cm　長
13cm拉鍊1條　紙襯少許　角形
木頭珠珠1個　直徑0.1cm長6cm
的繩子

★完成尺寸　參照圖示
★製作方法
①拼縫及貼布縫之後，縫製2片主
體表布。
②將①與鋪棉及裡布（預留縫份）
重疊，壓縫。
③在②的袋口側滾邊。
④在③裝上拉鍊。
⑤主體正面相對，將底部縫合。
縫份用單方的裡布包覆收邊。

⑥側邊縫合。縫份用縫份收邊用
斜裁布包起，收邊（參照P201）。
⑦將底的襠布縫合（參照P217）。
⑧製作小拉布，縫在邊的內側，
裝上拉鍊飾品。

＊**主體的原寸紙型在A面**

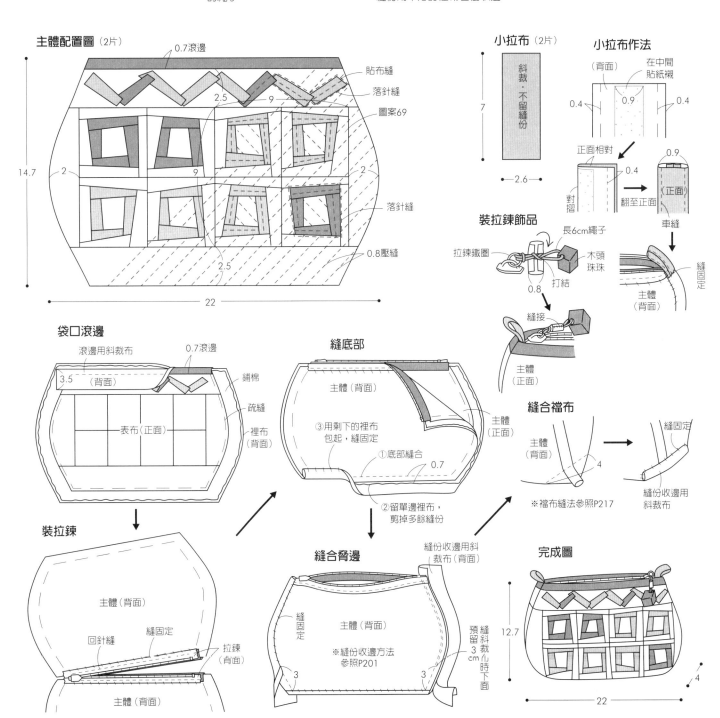

籃子

使用圖案

74

原寸紙型見P92

★材料

拼縫用布…碎布適量　底…綠色系燈芯絨（含手提把、手提把裡布）40×30cm　提把…褐色印花布25×5cm（斜裁布）　鋪棉、裡布、墊布、厚紙襯…50×35cm　紙襯…3.5×20cm　拷邊（含繩子）…綠色系燈芯絨2.5×50cm（斜裁布）　直徑0.3芯用圓繩50cm

★完成尺寸　參照圖示

★製作方法

①拼縫之後，縫製主體表布，再與鋪棉及墊布重疊縫上壓縫線。正面相對，側邊縫合做成圈形。

②在主體裡布的背面貼厚紙襯，正面相對，縫合側邊。

③在底表布鋪上鋪棉及墊布（背面貼上厚紙襯），以裁縫機車縫。

④縫製提把及拷邊（含繩子）。（參照P207）

⑤在①的開口處重疊④，以疏縫暫時固定，與②正面相對，縫合。

⑥將⑤的裡布翻至正面，在底側與③正面相對，縫合。

⑦在⑥縫上底裡布。

＊底部原寸紙型在A面

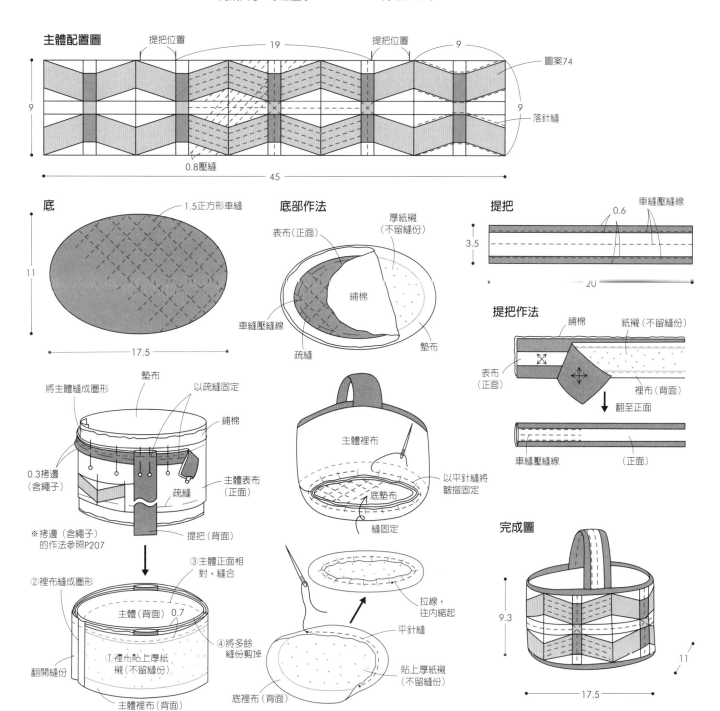

j

二手包包

使用圖案

80

原寸紙型見P99

P100的作品

★**材料**

拼縫用布…灰色系燈芯絨60×50cm（含後側、小拉布裡布、母子扣用布）、碎布適量　小拉布…褐色格子15×10cm　包覆核桃釦用布…綠色印花布5×5cm　裡布、鋪棉…各50×15cm　滾邊…褐色系燈芯絨3.5×30cm（斜裁布）　拷邊（含繩子）…褐色系2.5×60cm（斜裁布）　芯用圓

繩直徑0.3×60cm　縫份收邊用斜裁布…3×120cm　直徑3cm的核桃釦內容物1個　直徑3cm母子釦1組　紙襯8×6cm

★**完成尺寸**　參照圖示
★**製作方法**

①拼縫後，縫製前側表布。
②將①與鋪棉及裡布重疊，縫上壓縫線。
③在②放上紙型，畫出完成線，

粗略剪裁一下。
④縫③的皺褶，將縫份翻倒，縫在裡布上。
⑤以②～④的方法縫製後側。
⑥前側與後側正面相對，縫合。以縫份收邊用斜裁布包起，收邊。
⑦縫製小拉布。
⑧縫製拷邊（含繩子）。
⑨在⑥的袋口以疏縫將小拉布暫時固定。夾入拷邊（含繩子），與

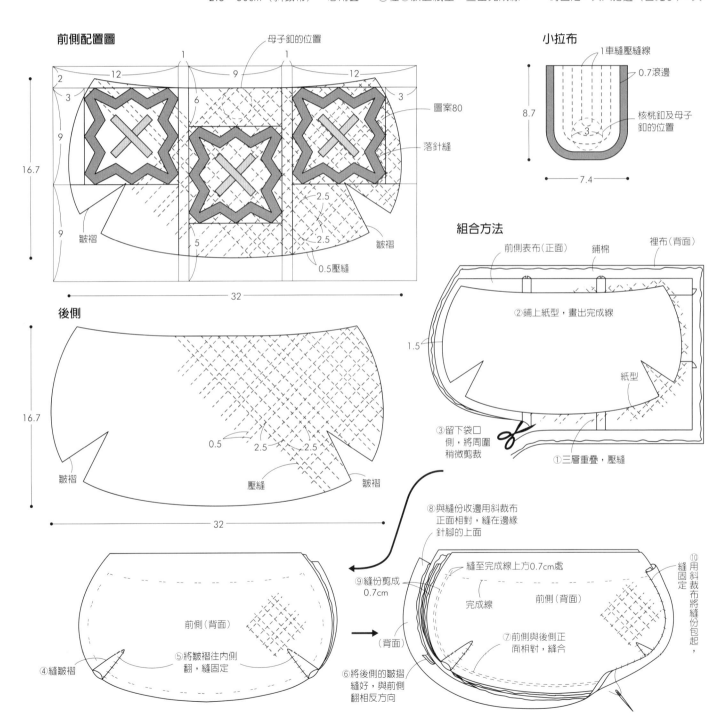

前側配置圖

母子釦的位置

1　12　9　1　12
2
3
6
9　圖案80
16.7　落針縫
9
9
皺褶　2.5
5　2.5
皺褶
0.5壓縫
32

後側

16.7
0.5　2.5　2.5
皺褶　壓縫　皺褶
32

小拉布

1車縫壓縫線
0.7滾邊
8.7　核桃釦及母子釦的位置
3
7.4

組合方法

前側表布(正面)　鋪棉　裡布(背面)
②鋪上紙型，畫出完成線
1.5　紙型
③留下袋口側，將周圍稍微剪裁
①三層重疊，壓縫

前側(背面)
⑤將皺褶住內側翻，縫固定
④縫皺褶

⑧與縫份收邊用斜裁布正面相對，縫在邊緣針腳的上面
⑨縫份剪成0.7cm　縫至完成線上方0.7cm處
完成線　前側(背面)
(背面)　⑦前側與後側正面相對，縫合
⑥將後側的皺褶縫好，與前側翻相反方向
⑩用斜裁布將縫份包起，縫固定

縫份收邊用斜裁布正面相對，縫合，將縫份包覆後收邊。
⑩母子釦及核桃釦以圓形布包起。
⑪將⑩縫於主體袋口及小拉布。

★重點
燈芯絨的纖維及絨毛具有方向性，剪裁布料及縫合時請特別留意。如果部分絨毛的方向相反，顏色會變得不太一樣。

＊前側及小拉布的原寸紙型在A面

製作小拉布

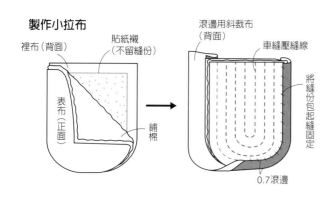

裡布（背面）
貼紙襯（不留縫份）
表布（正面）
鋪棉
滾邊用斜裁布（背面）
車縫壓縫線
將縫份包起縫固定
0.7滾邊

拷邊（含繩子）的作法

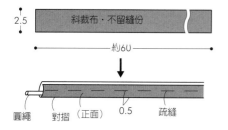

2.5
斜裁布・不留縫份
約60

圓繩　對摺（正面）　0.5　疏縫

核桃釦（1片）
母子釦（2片）

5
不留縫份

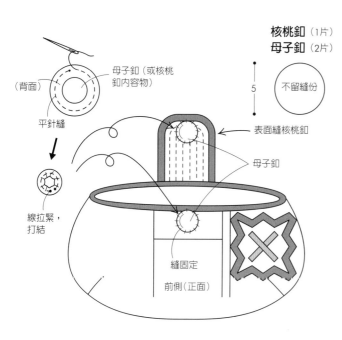

（背面）
母子釦（或核桃釦內容物）
平針縫
線拉緊，打結
母子釦
表面縫核桃釦
縫固定
前側（正面）

袋口收邊

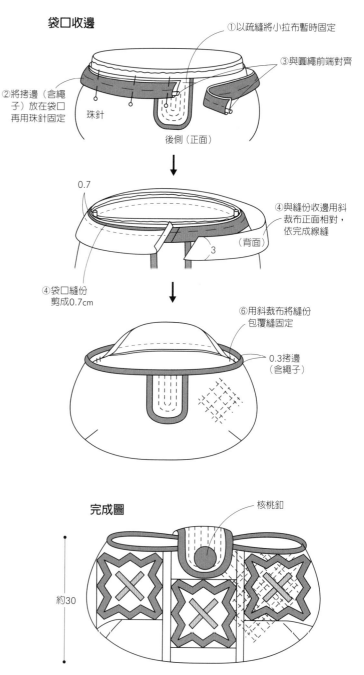

①以疏縫將小拉布暫時固定
②將拷邊（含繩子）放在袋口再用珠針固定
③與圓繩前端對齊
珠針
後側（正面）

0.7
④與縫份收邊用斜裁布正面相對，依完成線縫
（背面）
3
④袋口縫份剪成0.7cm

⑥用斜裁布將縫份包覆縫固定
0.3拷邊（含繩子）

完成圖

核桃釦
約30
約17

包包

使用圖案

89

原寸紙型見P110

★材料

拼縫用布…碎布適量　主體前側…焦褐色織紋布50×35cm（含主體後側A・主體襠布一部分）　主體後側B…焦褐色格子布25×35cm　主體襠布…褐色格子布2種各20×15cm　底・襠布口袋…褐色系格子55×20cm　裡布…110×90cm（含後側間隔布・貼邊）　鋪棉…100×90cm　滾邊

…黑色直條紋布3.5×90cm（含斜裁布・主體襠布的一部分）、褐色系格子布3.5×30cm（斜裁布・襠布口袋用）　縫份收邊用斜裁布…3×140cm　25cm長拉鍊1條　雙面紙襯…21×27cm　紙襯…30×75cm　固定部分寬13.2cm附固定鐵鈕的皮革提把1組　木頭珠珠2個　直徑0.2cm繩子15cm

★完成尺寸　參照圖示
★製作方法

①拼縫後，縫製前側口袋及2片主體襠布的表布。

②前側口袋表布及主體前側表布・主體後側A、B的表布鋪上鋪棉及裡布，縫壓縫線。

③在前側口袋的上方滾邊，重疊在主體前側上方，再縫口袋的間隔布。

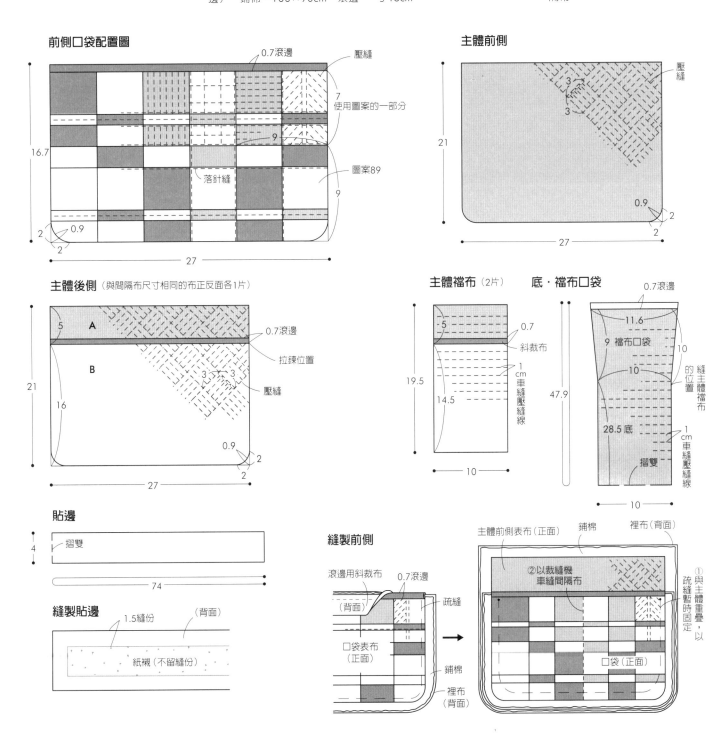

④在後側A下方滾邊，與後側B對齊，裝上拉鍊（參照P200）。
⑤縫製後側的間隔布。表布及裡布之間夾入雙面紙襯，以熨斗燙固定。
⑥將④及⑤背對背疏縫。
⑦在主體襠布表布及底・襠布口袋表布鋪上鋪棉及裡布（背面貼上不留縫份的紙襯與底側預留縫份的主體襠布），車縫壓縫線。

⑧將底・襠布口袋袋口滾邊。
⑨將底・襠布口袋與主體襠布重疊，把主體襠布的底縫固定。以主體襠布裡布包覆縫份後，收邊（參照P219）。襠布口袋與主體襠布兩側對齊後疏縫。
⑩主體前側及主體後側與⑨正面相對，縫固定。以縫份收邊用斜裁布包覆縫份，縫固定（參照P201）。

⑪在貼邊的背面貼上不留縫份的紙襯，兩側縫接起來，做成圈狀。與主體袋口正面相對，縫好，貼邊往背面反摺，縫固定（參照P219）。
⑫在袋口開裝提把的洞，用鐵釦固定提把。
⑬裝上拉鍊飾品。

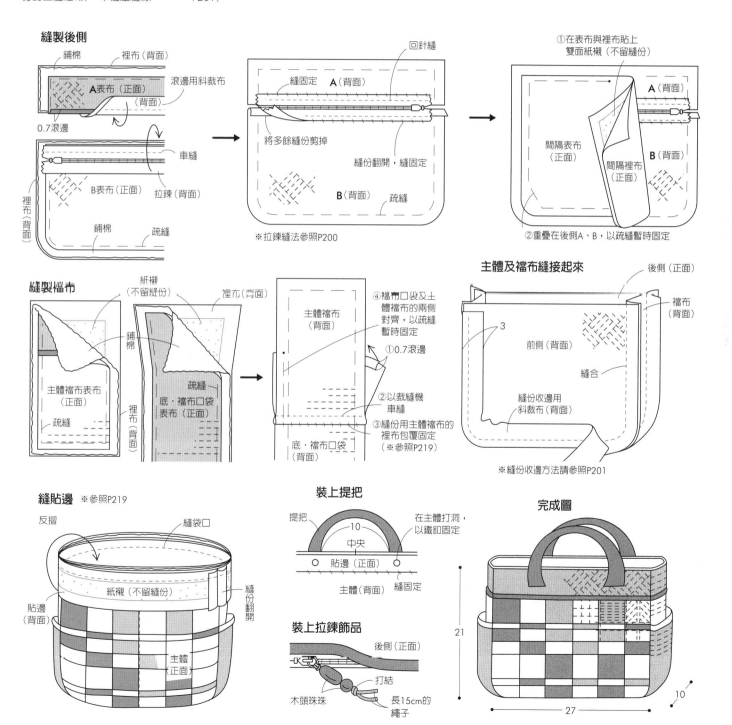

縫製後側

鋪棉　裡布（背面）
A表布（正面）
滾邊用斜裁布
（背面）
0.7滾邊
裡布（背面）
B表布（正面）
車縫
拉鍊（背面）
鋪棉　疏縫

回針縫
縫固定　A（背面）
將多餘縫份剪掉
縫份翻開，縫固定
B（背面）　疏縫
※拉鍊縫法參照P200

①在表布與裡布貼上雙面紙襯（不留縫份）
A（背面）
間隔表布（正面）
間隔裡布（正面）
B（背面）
②重疊在後側A、B，以疏縫暫時固定

縫製襠布

紙襯（不留縫份）
裡布（背面）
鋪棉
主體襠布表布（正面）
裡布（背面）
疏縫
底・襠布口袋表布（正面）
疏縫

主體襠布（背面）
①0.7滾邊
②以裁縫機車縫
③縫份用主體襠布的裡布包覆固定（※參照P219）
底・襠布口袋（背面）
④襠布口袋及主體襠布的兩側對齊，以疏縫暫時固定

主體及襠布縫接起來

後側（正面）
襠布（背面）
前側（背面）
3
縫合
縫份收邊用斜裁布（背面）
※縫份收邊方法請參照P201

縫貼邊 ※參照P219

反摺
縫袋口
紙襯（不留縫份）
縫份翻開
貼邊（背面）
主體（正面）

裝上提把

提把
10
中央
貼邊（正面）
在主體打洞，以鐵釦固定
主體（背面）
縫固定

裝上拉鍊飾品

後側（正面）
木頭珠珠
打結
長15cm的繩子

完成圖

21
27
10

包包

使用圖案
90
原寸紙型見P111

P113的作品

★材料
拼縫用布…碎布適量 底…褐色
格子布20×20cm 裡布、鋪棉…
70×100cm 墊布…20×20cm
滾邊…褐色直條紋布3×160cm
（斜裁布） 厚紙襯…15×30cm
帶狀提把3×30cm1組
★完成尺寸 參照圖示
★製作方法
①拼縫後，製作2片主體表布，與

鋪棉及裡布重疊，縫上壓縫線。
②在①放上紙型，畫出完成線記
號，稍微剪裁。
③將②的主體正面相對，兩側縫
合，縫份收邊。
④底表布與鋪棉及墊布重疊，以
車縫縫上壓縫線。
⑤主體及底布正面相對，縫合。
⑥製作在背面貼上厚紙襯的底裡
布，重疊時將⑤的縫份藏起來再

縫合。
⑦滾邊用斜裁布2片正面相對，在
中間夾入提把，縫合。
⑧在⑥的袋口將⑦翻至正面後縫
接起來，滾邊。
★重點
在步驟⑦，將斜裁布與筒狀的主
體袋口測量一下，思考前後側裝
提把的位置。

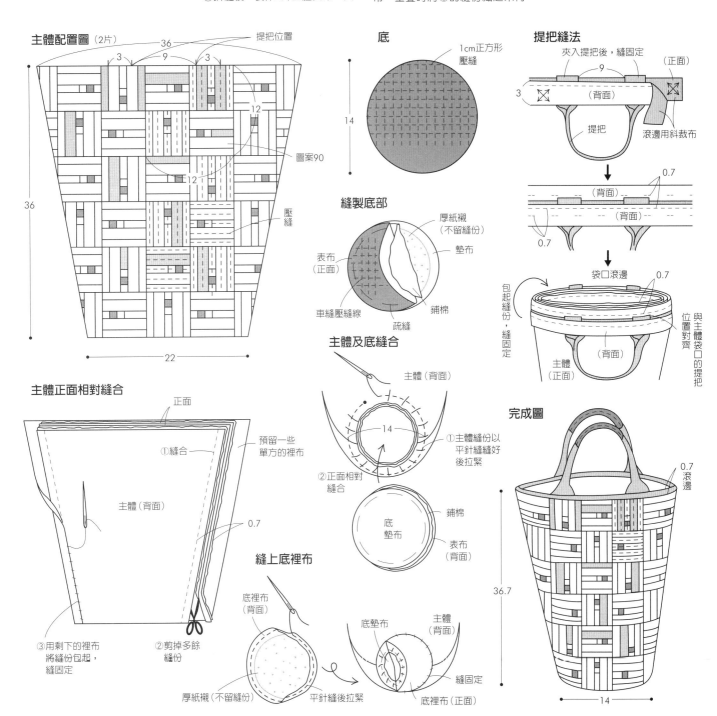

n

P132的作品

包包

使用圖案

105

原寸紙型見P130

★**材料**

拼縫用布…碎布適量、駝色印花布30×30cm　後側…淺綠葉片圖樣布料25×25cm　襠布…淺綠格子布60×15cm　裡布、鋪棉…各65×40cm　紙襯…60×10cm　縫份收邊用斜裁布…2.5×55cm　2cm寬尼龍帶、1.5cm寬絨面皮帶各50cm

★**完成尺寸　參照圖示**

★**製作方法**

①拼縫後，縫製前側表布。

②將①與後側表布墊上鋪棉及裡布，縫上壓縫線。

③襠布表布與鋪棉、背面貼上紙襯的裡布（預留縫份）重疊，縫上壓縫線。

④前、後側與襠布正面相對，縫合。縫份用襠布裡布包覆，固定後收邊。

⑤製作提把。

⑥在④的袋口以疏縫將提把暫時固定。

⑦在⑥的袋口將縫份收邊用斜裁布翻至正面對齊，縫固定。將縫份包覆，翻至內側，收邊。

＊前側原寸紙型在A面

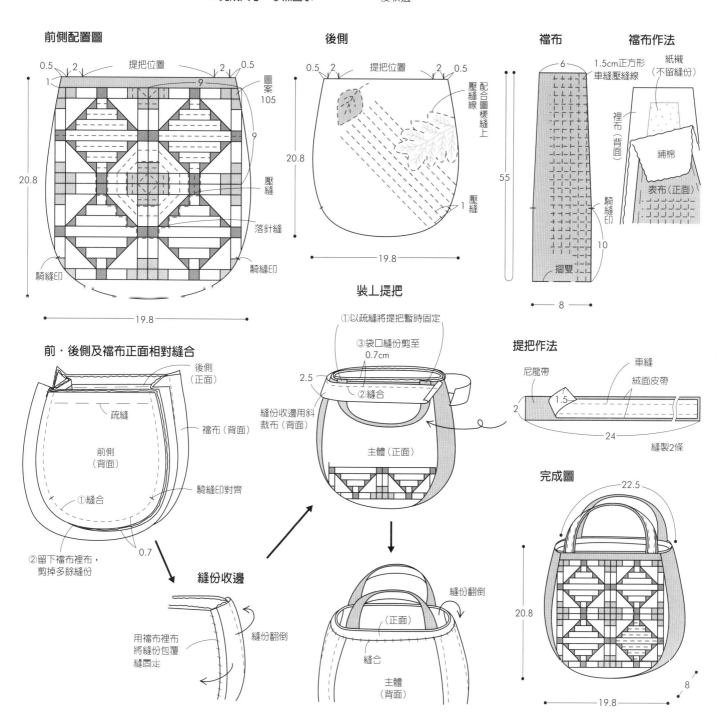

包包

使用圖案

98

原寸紙型見P121

P122的作品

★材料

拼縫用布…黑色系印花布110×50cm、碎布適量　襠布、小拉布…焦褐直條紋布70×30cm　裡布、鋪棉…各65×85cm　滾邊…黑格子布3.5×100cm（斜裁布）縫份收邊用斜裁布…3.5×230cm　紙襯…70×20cm　43cm長拉鍊1條　直徑0.3cm繩子長40cm　直徑0.1cm繩子長10cm　長3cm木頭珠珠、直徑0.8cm珠珠各1個　帶寬17cm的皮製提把1組

★完成尺寸　參照圖示

★製作方法

①拼縫之後，縫製兩片主體表布，各自再與鋪棉及裡布重疊，縫上壓縫線。

②上襠布及下襠布的表布、鋪棉、裡布重疊，車縫壓縫線。

③上襠布的邊滾邊，裝上拉鍊。

④製作小拉布，暫時固定於③。

⑤上襠布與下襠布正面相對，縫合，做成圈狀。

⑥將①與⑤正面相對，留下提把的位置，其餘縫合（縫份收邊的方法參照P201）。

⑦裝上拉鍊及拉鍊飾品。

＊主體的原寸紙型在B面

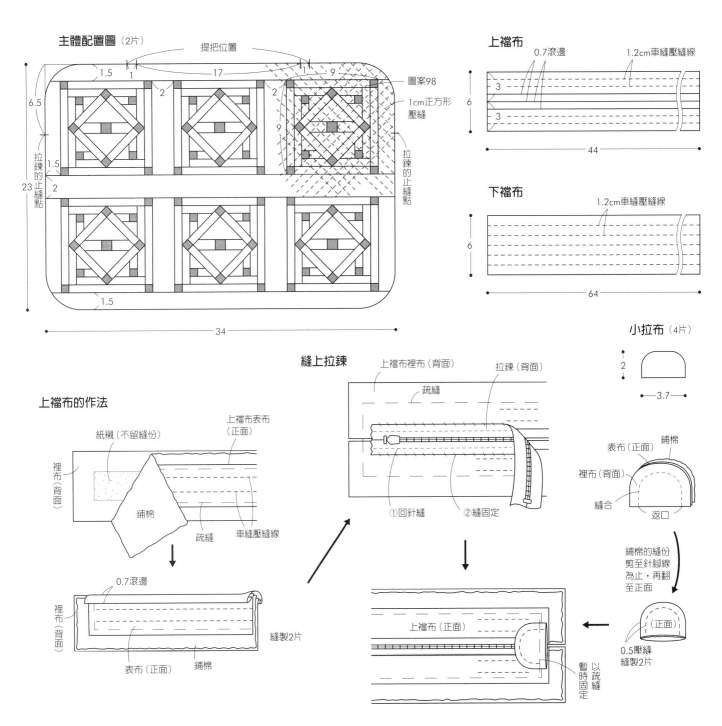

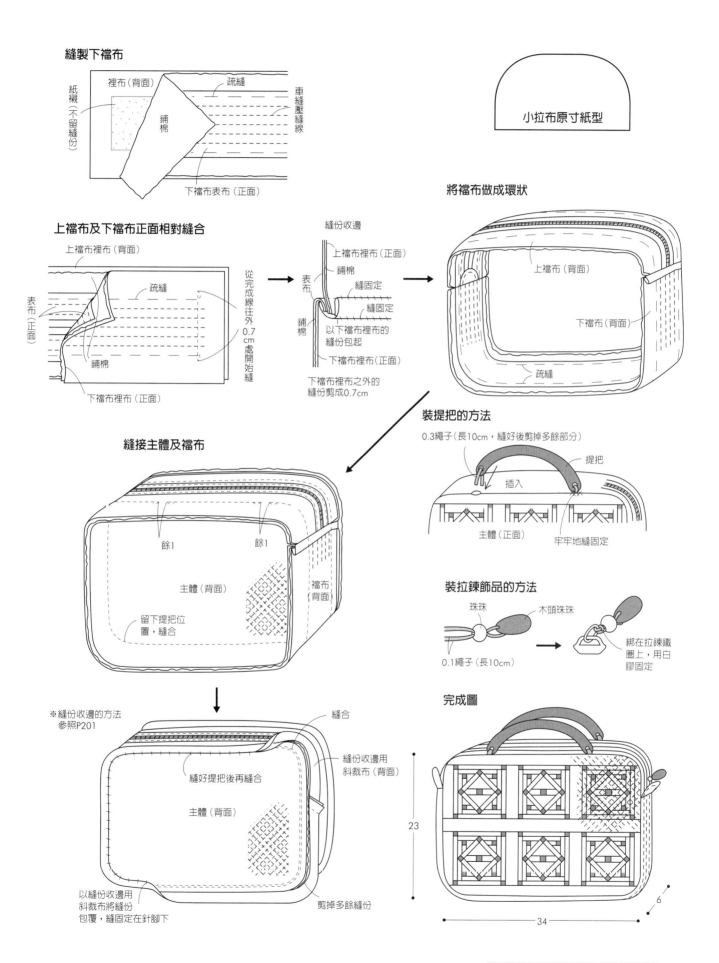

縫製下襠布

裡布（背面）　　疏縫　　　　車縫壓縫線

紙襯（不留縫份）

鋪棉

下襠布表布（正面）

小拉布原寸紙型

將襠布做成環狀

上襠布（背面）

下襠布（背面）

疏縫

上襠布及下襠布正面相對縫合

上襠布裡布（背面）

疏縫

表布（正面）

鋪棉

下襠布裡布（正面）

從完成線往外0.7cm處開始縫

縫份收邊

上襠布裡布（正面）

鋪棉

表布

縫固定

縫固定

鋪棉

以下襠布裡布的縫份包起

下襠布裡布（正面）

下襠布裡布之外的縫份剪成0.7cm

裝提把的方法

0.3繩子（長10cm，縫好後剪掉多餘部分）

提把

插入

主體（正面）　　牢牢地縫固定

縫接主體及襠布

餘1　　餘1

主體（背面）

襠布（背面）

留下提把位置，縫合

裝拉鍊飾品的方法

珠珠　　木頭珠珠

0.1繩子（長10cm）

綁在拉鍊鐵圈上，用白膠固定

※縫份收邊的方法參照P201

縫合

縫好提把後再縫合

主體（背面）

縫份收邊用斜裁布（背面）

以縫份收邊用斜裁布將縫份包覆，縫固定在針腳下

剪掉多餘縫份

完成圖

23

34

6

P133的作品

包包
使用圖案

106

原寸紙型見P131

★材料
拼縫用布…碎布適量（含拉鍊飾品）　底…褐色系燈芯絨25×20cm　提把…褐色系蘇格蘭呢料（斜裁布）、焦褐色印花布各10×35cm　裡布、鋪棉…各60×70cm　墊布…25×20cm　厚紙襯…30×25cm　18cm拉鍊1條　角形木頭珠珠1個　直徑0.1cm軟管少許

★完成尺寸　參照圖示
★製作方法
①拼縫之後，縫製主體表布。製作時稍微比主體尺寸大一點，放在紙型上，標出記號，粗略剪裁。
②將裡布（預留縫份）翻至正面與①對齊，與鋪棉重疊，將拉鍊那側縫合。鋪棉縫份從針腳旁剪掉。
③將②翻至正面，縫上壓縫線（此時再放紙型或重新標示記號）。這

個主體請製作左右對稱的2片。
④將2片主體正面相對，從拉鍊位置下方開始，以捲針縫縫接表布。
⑤在④裝上拉鍊。
⑥沒有裝拉鍊那一邊的邊緣翻至正面後縫合。縫份以單邊裡布包覆，收邊。
⑦底表布與鋪棉及墊布（背面貼上不留縫份的厚紙襯）重疊，車縫壓縫線。

主體配置圖（左右對稱2片）

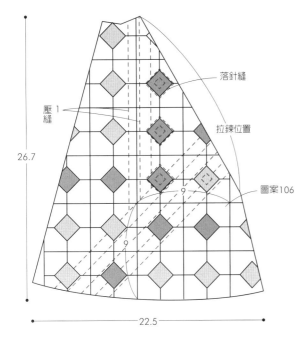

壓縫 1
落針縫
拉鍊位置
圖案106
26.7
9
9
22.5

底

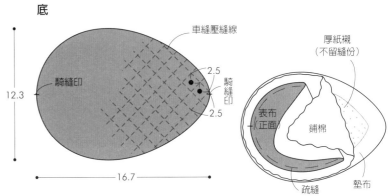

車縫壓縫線
騎縫印
12.3
2.5
騎縫印
2.5
16.7

厚紙襯（不留縫份）
表布（正面）
鋪棉
疏縫
墊布

提把

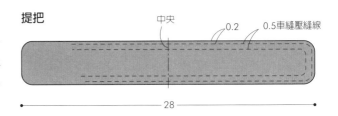

中央
0.2
0.5車縫壓縫線
4
28

縫製主體

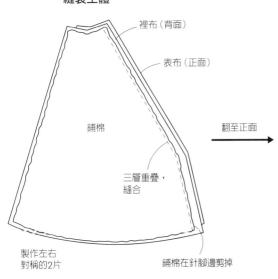

裡布（背面）
表布（正面）
鋪棉
三層重疊，縫合
製作左右對稱的2片
鋪棉在針腳邊剪掉

翻至正面 →

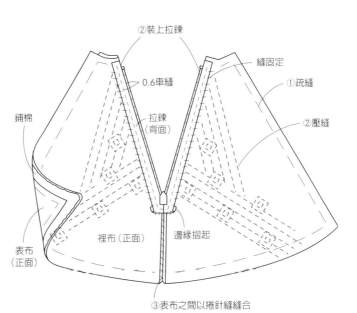

②裝上拉鍊
縫固定
0.6車縫
①疏縫
鋪棉
②壓縫
拉鍊（背面）
表布（正面）
裡布（正面）
邊緣摺起
③表布之間以捲針縫縫合

⑧主體與底正面相對，縫合。
⑨製作背面貼上不留縫份紙襯的底裡布，縫接時，將⑧的縫份藏起來。
⑩製作提把並且裝上。
⑪裝上拉鍊飾品。
＊主體及底的原寸紙型在B面

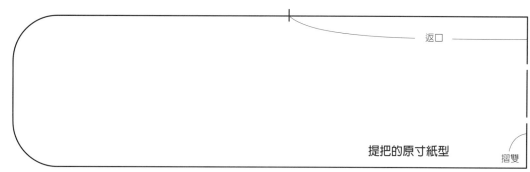

返口

提把的原寸紙型

摺雙

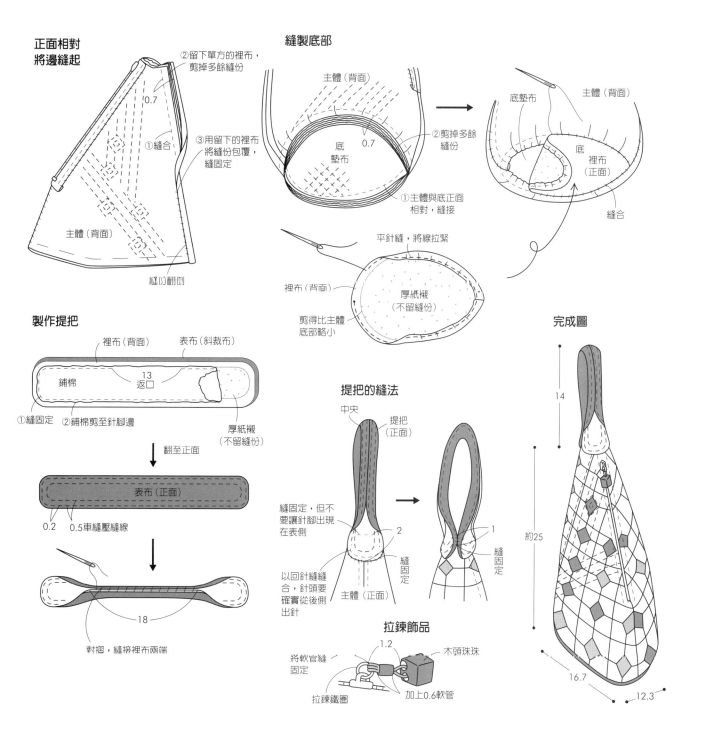

正面相對 將邊縫起

②留下單方的裡布，剪掉多餘縫份
0.7
①縫合
③用留下的裡布將縫份包覆，縫固定
主體（背面）
縫份翻倒

縫製底部

主體（背面）
底墊布
0.7
②剪掉多餘縫份
①主體與底正面相對，縫接

底墊布
主體（背面）
底裡布（正面）
縫合

平針縫，將線拉緊
裡布（背面）
厚紙襯（不留縫份）
剪得比主體底部略小

製作提把

裡布（背面）
表布（斜裁布）
鋪棉
13 返口
①縫固定
②鋪棉剪至針腳邊
厚紙襯（不留縫份）

翻至正面

表布（正面）
0.2
0.5車縫壓縫線

18
對摺，縫捲裡布兩端

提把的縫法

中央
提把（正面）

縫固定，但不要讓針腳出現在表側
2
以回針縫縫合，針頭要確實從後側出針
主體（正面）
縫固定

1
縫固定

拉鍊飾品

1.2
將軟管縫固定
木頭珠珠
拉鍊鐵圈
加上0.6軟管

完成圖

14
約25
16.7
12.3

★材料
拼縫、貼布縫用布⋯褐色格子布（含後側）70×35cm、碎布適量（含小拉布、固定吊環） 裡布、鋪棉⋯各70×40cm 滾邊⋯褐色系直條紋布2種3.5×50cm、3.5×80cm（全為斜裁布） 直徑1.5cm母子釦（針縫固定類型）1組 內徑1.5cm吊環2個 寬1.5cm附帶調整環肩背帶1條 紙

襯適量
★完成尺寸　參照圖示
★製作方法
①拼縫及貼布縫之後，縫製前側表布。
②將①與鋪棉及裡布重疊，縫上壓縫線。紙型放在上面，標示出記號，周圍粗略剪裁一下。袋口側滾邊。
③把②的皺褶（圖案角落的布塊

當作皺褶的一部分）縫合，將縫份翻倒，縫固定。
④與②相同，縫製後側，跟③背面相對，將邊緣至底的部分縫合。
⑤縫製裝了母子釦的小拉布，縫在袋口內側。
⑥製作固定吊環，將吊環裝好後，縫在後側。
⑦將附調整環的肩背帶裝在吊環上面。

肩背包

使用圖案
128
原寸紙型見P157

P158的作品

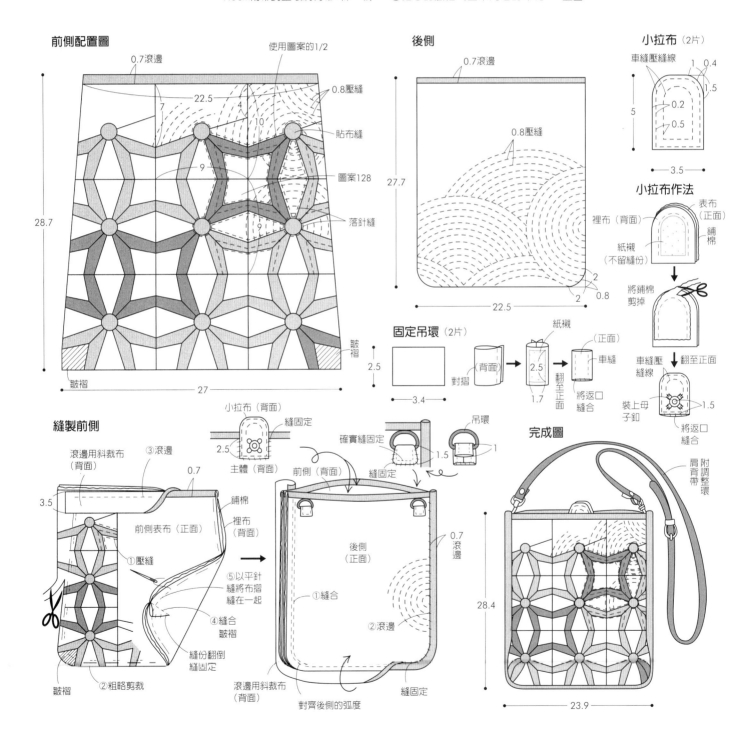

t

P187的作品

肩背包
使用圖案

151

原寸紙型見P186

★材料
拼縫用布…碎布5種各適量、駝色
格子布35×25cm、焦褐色直條紋
布35×80cm、焦褐色燈芯絨3.5
×200cm（含斜裁·袋口縫份收
邊用斜裁布）　裡布、鋪棉…各
55×80cm　縫份收邊用斜裁布…
2.5×15cm　帶子3.6×46cm

★完成尺寸　參照圖示

★製作方法

①拼縫後，製作2片表布。
②將①與鋪棉、裡布重疊，縫上
壓縫線。
③將②正面相對，側邊及底縫合，
縫份用單方的裡布包覆，收邊。
④參照圖示，將③的襠布縫好。
以縫份收邊用斜裁布包覆縫份，
收邊。
⑤用帶子製作提把。
⑥以疏縫暫時將提把固定在④的

袋口，縫份收邊用斜裁布正面相
對，縫合。縫份往內側翻，以縫
份收邊用斜裁布包覆，縫固定。

★重點
主體的縫份用裡布收邊，但為了
要製作襠布，所以底部角落約預
留3cm不要縫。

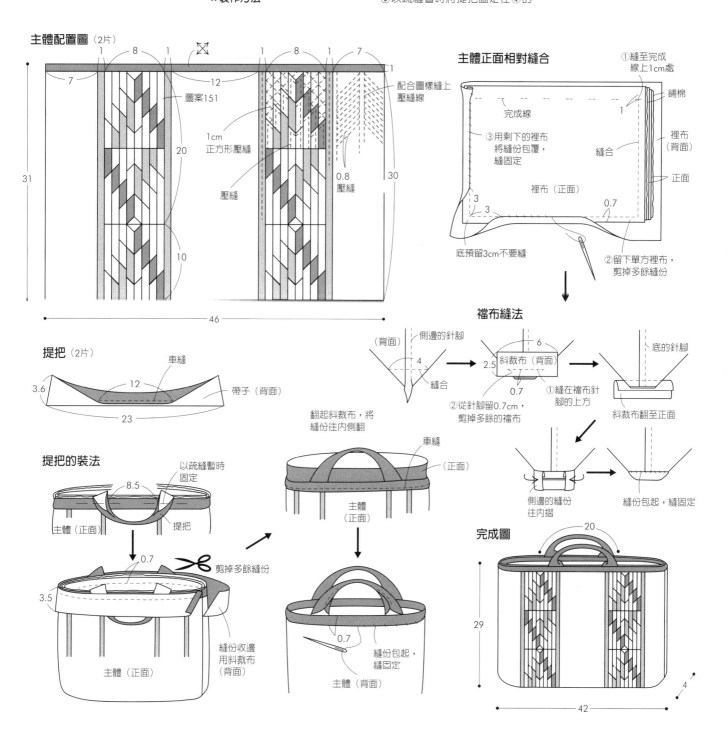

q

包包

使用圖案

129

原寸紙型見P160

P159的作品

★**材料**

拼縫用布…碎布適量　襠布…駝色格子25×25cm　底…褐色格子45×25cm（含D、D'）後側…褐色系格子25×25cm　貼邊…20×10cm　裡布、鋪棉…各80×50cm　縫份收邊用斜裁布…2.5×50cm　厚紙襯…70×8cm　紙襯…20×10cm　16cm拉鍊1條　長約21cm木頭珠珠的提把1條

直徑0.2cm繩子10cm　1.5×2cm圓筒型木頭珠珠1個

★**完成尺寸　參照圖示**

★**製作方法**

①拼縫後，製作前側A、B的表布。

②將①及前側C、D的表布各自與鋪棉及裡布重疊，縫上壓縫線。

③在A及B裝上拉鍊。

④將③、C、D正面相對，縫合，參照圖示將縫份收邊。

⑤後側表布縫合，與鋪棉、裡布重疊，縫上壓縫線。

⑥縫合⑤的皺褶部分，將縫份翻倒，針頭穿至鋪棉，縫至裡布。前側也要縫皺褶（縫份倒向與後側相反）。

⑦襠布及底部的表布縫合。與鋪棉、裡布（預留縫份，背面貼上不留縫份的厚紙襯）重疊，車縫壓縫線。

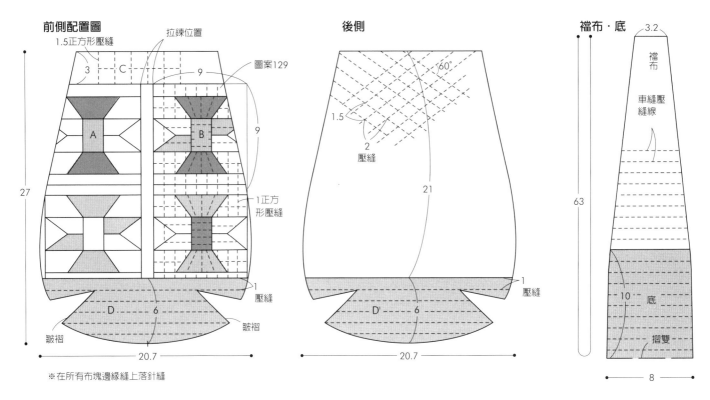

前側配置圖　　　　　　　**後側**　　　　　　　**襠布·底**

※在所有布塊邊緣縫上落針縫

製作前側

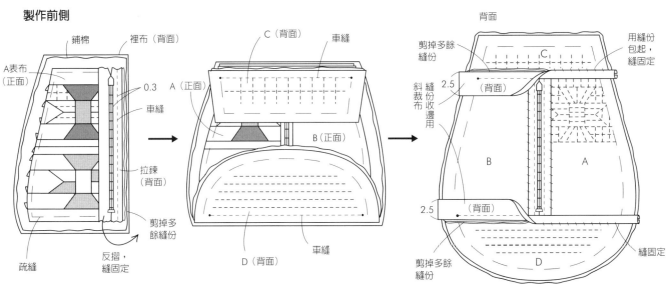

⑧前側・後側及襠布正面相對，縫合。縫份以襠布裡布包起，縫固定，收邊。
⑨兩側邊縫合，做成圈狀的貼邊，在⑧的袋口翻至正面對齊。留下提把位置，其餘縫合，貼邊往內摺，縫固定。
⑩在⑨預留的提把位置將提把鐵環插入，確實縫固定以免脫落。
⑪裝上拉鍊飾品。

★重點
前側A～D在壓縫之後，將紙型放在上面，重新標出完成線記號後，再開始組合比較好。
＊前側、襠布・貼邊的原寸紙型在B面

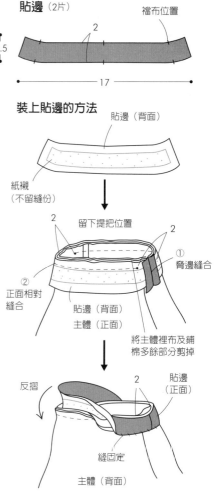

貼邊（2片）
襠布位置
2
2.5
17

裝上貼邊的方法
貼邊（背面）
紙襯（不留縫份）

留下提把位置
2 2
①脅邊縫合
②正面相對縫合
貼邊（背面）
主體（正面）
將主體裡布及鋪棉多餘部分剪掉

反摺
2
貼邊（正面）
縫固定
主體（背面）

製作後側

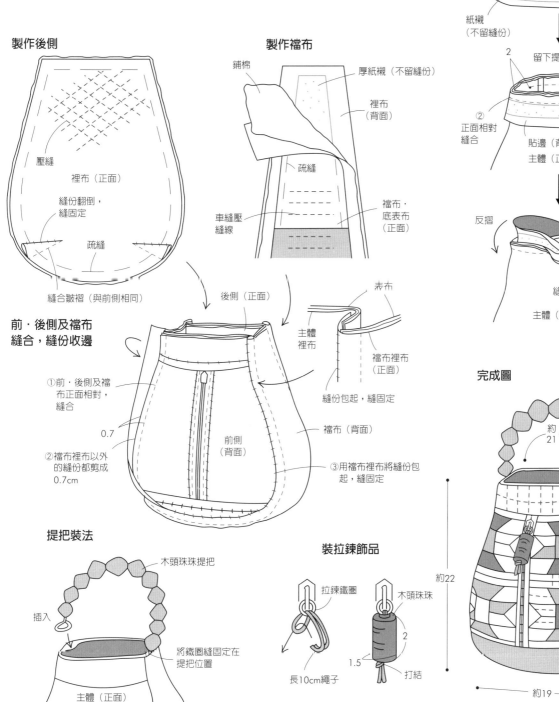

壓縫
裡布（正面）
縫份翻倒，縫固定
疏縫
縫合皺褶（與前側相同）

製作襠布

鋪棉
厚紙襯（不留縫份）
裡布（背面）
疏縫
車縫壓縫線
襠布・底表布（正面）

前・後側及襠布縫合，縫份收邊

①前・後側及襠布正面相對，縫合
0.7
②襠布裡布以外的縫份都剪成0.7cm
前側（背面）
襠布（背面）
③用襠布裡布將縫份包起，縫固定

後側（正面）
表布
主體裡布
襠布裡布（正面）
縫份包起，縫固定

提把裝法

木頭珠珠提把
插入
將鐵圈縫固定在提把位置
主體（正面）

裝拉鍊飾品

拉鍊鐵圈
木頭珠珠
2
1.5
打結
長10cm繩子

完成圖

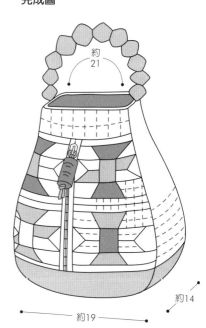

約21
約22
約14
約19

r

P170的作品

萬用包

使用圖案

原寸紙型見P169

★材料

拼縫用布…碎布適量、駝色系直條紋布30×30cm、灰色系直條紋布30×15cm、黑底圓點織紋（含襠布）55×20cm　提把…深綠燈芯5×15cm（斜裁布）　裡布（含內口袋）、鋪棉…各60×45cm　紙襯…50×25cm　滾邊…焦褐色格子布3.5×120cm、紅條紋3.5×25cm（全部斜裁）　42cm長

拉鍊1條　木頭飾品2個　直徑0.1cm繩子20cm

★完成尺寸　參照圖示

★製作方法

①拼縫後，製作主體表布，再與鋪棉、裡布重疊，縫上壓縫線。

②製作內口袋。

③在①上方的背面縫接②的底，縫出間隔的位置。

④做出單側裝上拉鍊的襠布，車縫壓縫線。

⑤製作提把，縫在④上面。

⑥主體上側與襠布拉鍊背面相對，縫合。

⑦主體下側至底襠布與⑥的襠布背面相對，縫合。

⑧將⑧的縫份縫出一圈滾邊。

⑨裝上拉鍊飾品。

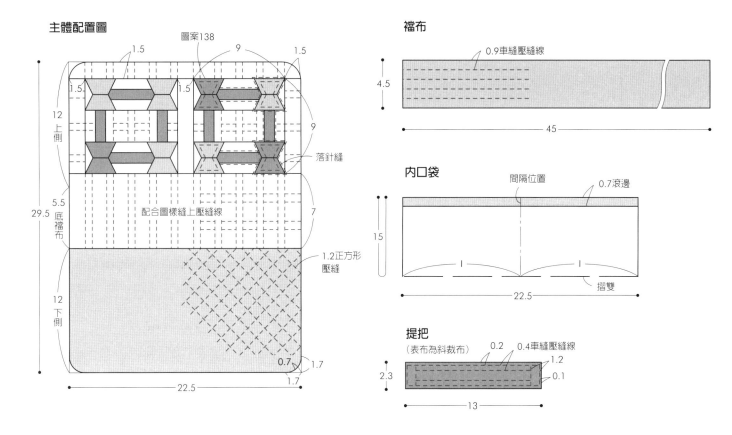

主體配置圖

襠布

內口袋

提把

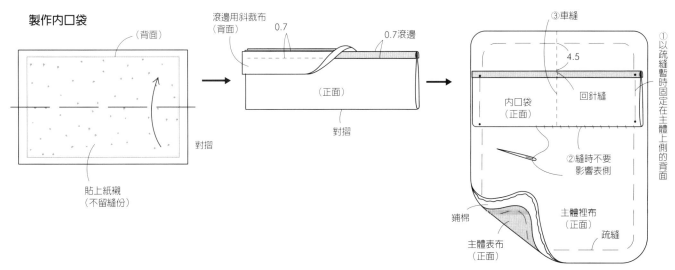

製作內口袋

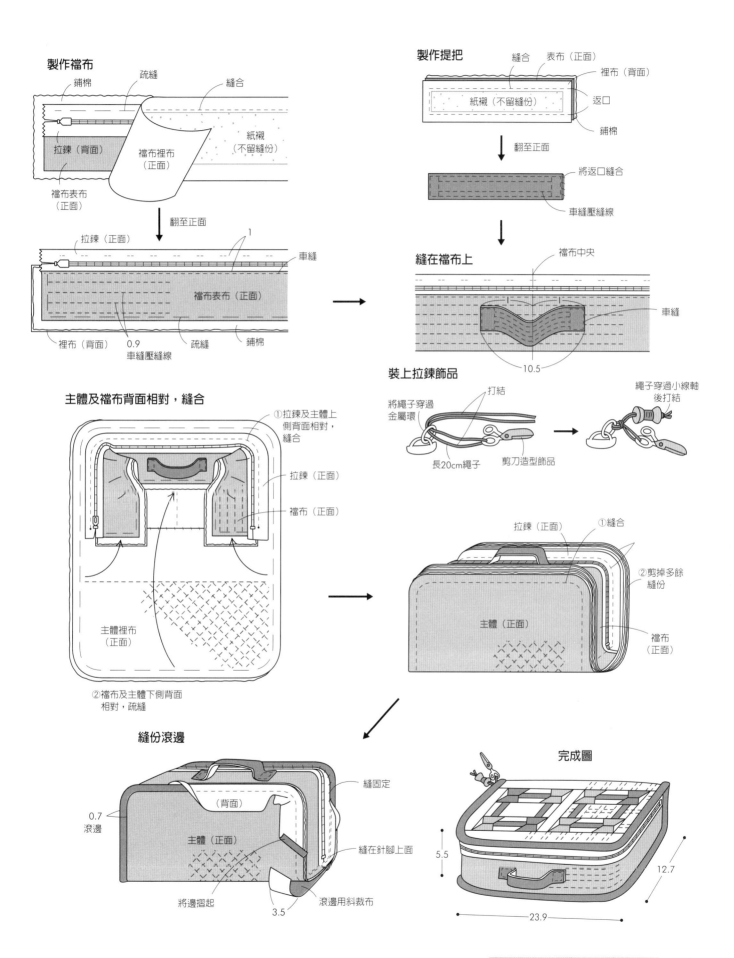

製作襠布

鋪棉
疏縫
縫合
拉鍊（背面）
紙襯（不留縫份）
襠布裡布（正面）
襠布表布（正面）

翻至正面

拉鍊（正面）
1
車縫
襠布表布（正面）
裡布（背面）
0.9
車縫壓縫線
疏縫
鋪棉

製作提把

縫合
表布（正面）
裡布（背面）
紙襯（不留縫份）
返口
鋪棉

翻至正面

將返口縫合
車縫壓縫線

縫在襠布上

襠布中央
車縫
10.5

裝上拉鍊飾品

將繩子穿過金屬環
打結
長20cm繩子
剪刀造型飾品
繩子穿過小線軸後打結

主體及襠布背面相對，縫合

①拉鍊及主體上側背面相對，縫合
拉鍊（正面）
襠布（正面）
主體裡布（正面）
②襠布及主體下側背面相對，疏縫

拉鍊（正面）
①縫合
②剪掉多餘縫份
主體（正面）
襠布（正面）

縫份滾邊

0.7
滾邊
（背面）
主體（正面）
將邊摺起
3.5
縫固定
縫在針腳上面
滾邊用斜裁布

完成圖

5.5
23.9
12.7

包包

使用圖案

87・92・131・134
143・144・145・146

原寸紙型見P108、P115、P162、
P165、P176~P179

★材料

拼縫、貼布縫用布…駝色底印花
布50×40cm、淺褐色格子30×
35cm、碎布適量　底…褐色格子
40×20cm　裡布（含貼邊）、鋪
棉…90×70cm　墊布…40×
20cm　縫份收邊用斜裁布…2.5
×50cm　紙襯…35×30cm　厚
紙襯…35×35cm　尼龍帶3×
60cm　內徑3cm圓形帶釦4個

★完成尺寸　參照圖示

★製作方法

①拼縫及貼布縫之後，製作2片主
體表布。

②在①鋪上鋪棉及裡布，縫上壓
縫線。

③在貼邊背面貼上不留縫份的紙
襯，與②正面相對，縫合。

④主體前、後側正面相對，將側
邊縫合。縫份用收邊用斜裁布包

覆，收邊。

⑤底表布與鋪棉及墊布重疊，車
縫縫上壓縫線。

⑥將④與⑤正面相對，縫合。

⑦製作在背面貼上厚紙襯的底裡
布，覆蓋時要將⑥的縫份包住。

⑧製作提把，與帶釦組裝起來，
固定在主體上部。

＊原寸紙型在B面

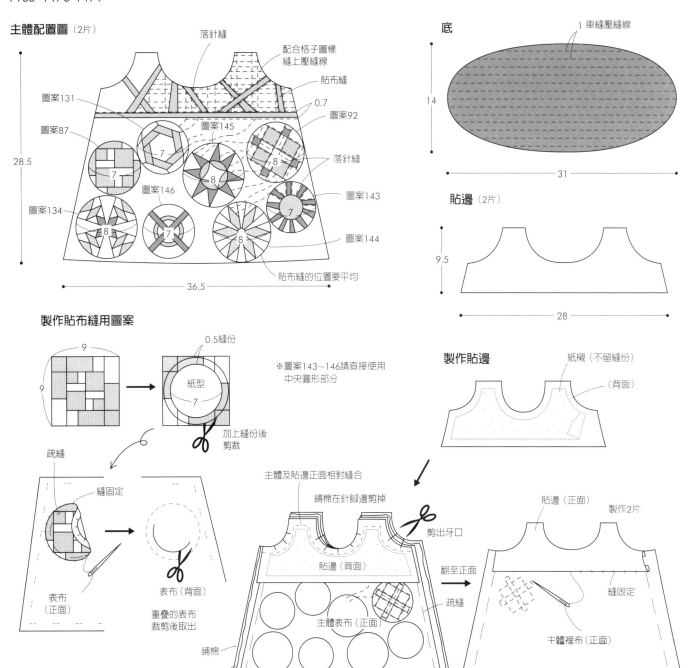

主體配置圖（2片）

落針縫
配合格子圖樣縫上壓縫線
貼布縫
圖案131
0.7
圖案92
圖案87
圖案145
落針縫
28.5
圖案146
圖案134
圖案143
圖案144
貼布縫的位置要平均
36.5

底
1 車縫壓縫線
14
31

貼邊（2片）
9.5
28

製作貼布縫用圖案

0.5縫份
9
9
紙型
7
加上縫份後剪裁

※圖案143~146請直接使用中央圓形部分

製作貼邊
紙襯（不留縫份）
（背面）

疏縫
縫固定
表布（正面）
表布（背面）
重疊的表布裁剪後取出

主體及貼邊正面相對縫合
鋪棉在針腳邊剪掉
剪出牙口
貼邊（背面）
主體表布（正面）
鋪棉
裡布（背面）
翻至正面
疏縫

貼邊（正面）
製作2片
縫固定
主體裡布（正面）

側邊縫合

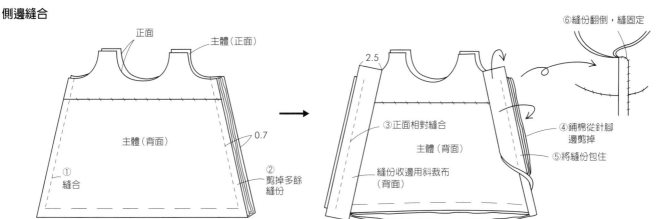

正面　　主體（正面）

2.5　　⑥縫份翻倒，縫固定

③正面相對縫合

④鋪棉從針腳邊剪掉

⑤將縫份包住

主體（背面）

主體（背面）

縫份收邊用斜裁布（背面）

0.7

①縫合

②剪掉多餘縫份

主體及底縫合

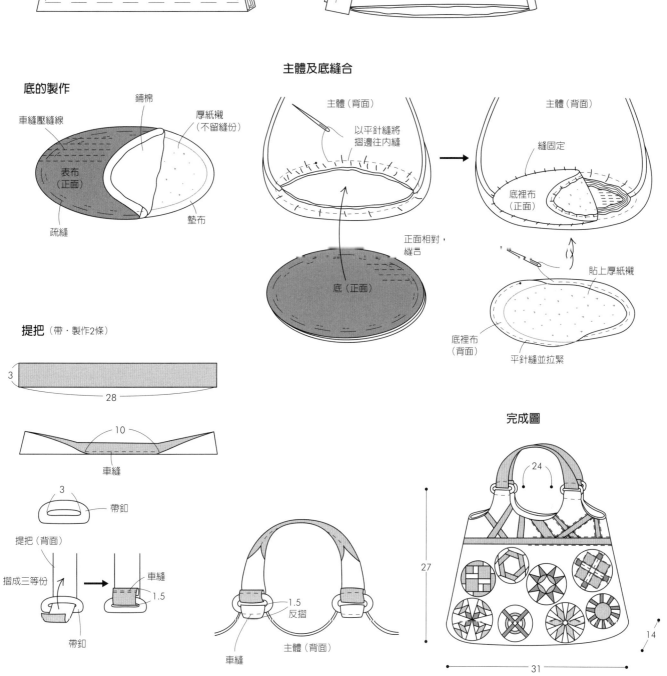

底的製作

車縫壓縫線

鋪棉

厚紙襯（不留縫份）

表布（正面）

疏縫

墊布

主體（背面）

以平針縫將摺邊往內縫

主體（背面）

縫固定

底裡布（正面）

底（正面）

正面相對，縫合

貼上厚紙襯

底裡布（背面）

平針縫並拉緊

提把（帶・製作2條）

3

28

10

車縫

3

帶釦

提把（背面）

摺成三等份

帶釦

車縫

1.5

1.5 反摺

車縫

主體（背面）

完成圖

24

27

31

14

齊藤謠子

師傅野原查克。其源自於美國傳統拼布的獨特深色配色，以及善於利用基本縫紉的作品廣受歡迎。除日本NHK「おしゃれ工房」外，也常於電視、雜誌等媒體發表作品。目前除負責「拼布派對」手工藝坊及課程的教授之外，同時擔任NHK文化中心講師、日本手工藝學園講師、日本手工藝社通信教育部長、日本針織工藝展委員等。著有《四方形□與三角形△的拼布世界》、《齊藤謠子拼布萬花筒》、《齊藤謠子美式拼布》、《齊藤謠子拼布教室》、《齊藤謠子拼布圖案精選138》（以上中文版均為積木文化出版）等書。

國家圖書館出版品預行編目資料

齊藤謠子拼布圖樣設計156 / 齊藤謠子著；張秀慧譯
--初版. 一台北市：積木文化出版；家庭傳媒城邦分公司
發行. 民97.09　224面；21×28公分. -- (Hands：56)
譯自：『斉藤謠子のパッチワークパターソ』
ISBN：978-986-6595-06-6（平裝）
1.拼布藝術 2.手工藝
426.7　　　　　　　　　　　　　　　97015054

H A N D S　　5 6

齊藤謠子拼布圖樣設計156

作　　者／齊藤謠子
譯　　者／張秀慧
責任編輯／蔡欣芸
特約編輯／吳佩霜

發 行 人／涂玉雲
總 編 輯／蔣豐雯
副總編輯／劉美欽
版　　權／蔡欣芸
業務主任／郭文龍
行銷企劃／黃明雪
法律顧問／台英國際商務法律事務所　羅明通律師
出　　版／積木文化
　　　　　台北市100信義路二段213號11樓
　　　　　電話：(02)23560933　傳真：(02)23979992
　　　　　部落格：http://cubepress.pixnet.net/blog/
　　　　　讀者服務信箱：service_cube@hmg.com.tw
發　　行／英屬蓋曼群島商家庭傳媒股份有限公司城邦分公司
　　　　　台北市民生東路二段141號2F
　　　　　讀者服務專線：(02)25007718-9　24小時傳真專線：(02)25001990-1
　　　　　服務時間：週一至週五上午09:30-12:00、下午13:30-17:00
　　　　　郵撥：19863813　戶名：書虫股份有限公司
　　　　　網站：城邦讀書花園　網址：www.cite.com.tw
香港發行所／城邦（香港）出版集團有限公司
　　　　　香港灣仔軒尼詩道235號3樓
　　　　　電話：852-25086231　　傳真：852-25789337
　　　　　電子信箱：hkcite@biznetvigator.com
馬新發行所／城邦（馬、新）出版集團
　　　　　Cite (M) Sdn. Bhd. (458372U)
　　　　　11, Jalan 30D/146, Desa Tasik, Sungai Besi,
　　　　　57000 Kuala Lumpur, Malaysia.
　　　　　電話：603-90563833　　傳真：603-90562833

封面設計／呂宜靜
製　　版／上晴彩色印刷製版有限公司
印　　刷／東海印刷股份事業有限公司

城邦讀書花園
www.cite.com.tw

2008年（民97）9月20日初版　　　　　　　　　　Printed in Taiwan.

SAITO YOKO NO PATCHWORK PATTERN ORIGINAL DESIGNS 156
© Yoko Saito 2005
Photographers: Akinori Miyashita, Kana Watanabe
Originally published in Japan in 2005 by NIHON VOGUE CO., LTD.
Chinese translation rights arranged through DAIKOUSHA INC., KAWAGOE.

定價／550元
ISBN：978-986-6595-06-6